Dieses Buch widme ich

Henry, Olivia, Stephanie

allen **gast**-freundlichen Menschen mit Toleranz, Offenheit,
Respekt, Menschlichkeit und Großzügigkeit, die die Welt für
alle ein bisschen schöner machen.

PIERRE NIERHAUS

ECHT FREUNDLICH

MACH DEIN PROJEKT ERFOLG REICH

MATTHAES VERLAG GMBH
Ein Unternehmen der dfv Mediengruppe

INHALT

WORUM
GEHT'S HIER
EIGENTLICH?

Sie haben sich ein Buch mit dem Titel »Echt freundlich« gekauft, und das finde ich, der Autor, sehr freundlich von Ihnen. Aber verstehen Sie mich nicht falsch, es geht nicht einfach nur ums Nettsein in diesem Buch. In fünf Kapiteln – plus dieser Einleitung – will ich Ihnen Prinzipien vorstellen, die ich seit vielen Jahren selbst praktiziere, in Vorträgen vorstelle und meinen Beratungskunden ans Herz lege. Es sind Prinzipien, die Sie zum Erfolg führen sollen. Dabei ist Erfolg nur ein Stichwort, denn dahinter verbirgt sich ein ganzes Bündel von positiven Begriffen: Anerkennung – Glück – Liebe – Profit – Mehrwert ...

Ich arbeite hauptsächlich mit Kunden aus Hotellerie, Gastronomie und Dienstleistung zusammen und besitze dort auch selbst die meiste Erfahrung. Vielleicht sind Sie auch in der Hospitalitybranche tätig.

Vielleicht arbeiten Sie in einer anderen Branche oder wollen Prinzipien dieses Buchs für Ihr Business oder Ihr Projekt nutzen. Dann dürfen Sie sicher sein, dass Sie trotzdem davon profitieren werden. Warum? Weil menschenzentriertes Arbeiten und Führen – und genau darum geht es in diesem Buch – immer und überall zum Erfolg führen. Und weil Gastronomie und Hotellerie, die man heute auch »Hospitalitybranche« nennt, Vorreiter sind auf dem Feld des menschenzentrierten Arbeitens. Kein Wunder – kaum eine andere Branche hat so viel mit Menschen zu tun wie wir.

WARUM ICH DIESES BUCH GESCHRIEBEN HABE

Ich wollte immer Gastgeber sein. Dieser Wunsch hat mich von Anfang an geprägt, und er bestimmt mein Leben noch heute. Oder besser gesagt: Er zieht sich durch meine »fünf Leben«. Dazu gleich mehr.

Eins will ich aber ganz persönlich vorausschicken: Ich liebe, was ich tue, und ich liebe meinen Erfolg. Aber wenn Erfolg für mich nur geheißen hätte, viel Geld zu verdienen, dann hätte ich besser etwas anderes machen sollen. Man kann in der Gastronomie und Hotellerie durchaus eine Menge Geld verdienen; ich habe nicht ohne Grund schon vor Jahren das Buch »Reich in der Gastronomie« geschrieben. Aber es gibt wahrlich genug Bereiche, in denen einem das Geldverdienen leichter gemacht wird.

Meine Erfolgskriterien waren immer schon andere. Zum einen wollte ich tatsächlich Gastgeber sein. Ich war geradezu besessen von diesem Wunsch und ich bin der festen Überzeugung, dass man nur dann Erfolg haben kann, wenn man von einer Sache wirklich »besessen« ist. Fast alle großen Unternehmer sind mit dieser Haltung an »ihre Sache« herangegangen. Das war ihr Antrieb, nicht das Geld. Das kommt im Übrigen von selbst, wenn man wirklich mit der richtigen Haltung und dem nötigen Wissen »sein Ding« macht.

Wer Ziele festlegt, muss sich vorher über den persönlichen Rahmen Gedanken machen. Meine eigenen Kriterien sehen so aus:

Es muss mir, meiner Familie, meinen Freunden nutzen – Sinn stiften.

Es muss mir Spaß machen.

Es muss mir (oder meinen Freunden, meiner Familie) Profit bringen.

Meine wichtigsten Ziele habe ich jedenfalls erreicht: eine glückliche Familie, eine liebevolle Ehe, Gesundheit und vor allem: die Möglichkeit, meinen Kindern eine glückliche Kindheit und einen guten Start ins Leben zu ermöglichen. Dass Geld dabei vieles erleichtert, will ich nicht leugnen. Aber es war nie mein wichtigster Antrieb. Und ich rate Ihnen wie allen meinen Kunden: Gehen Sie mit einer solchen Einstellung an Ihre Arbeit heran, wenn Sie wirklich und nachhaltig Erfolg haben wollen.

WARUM »FREUNDLICH«? DIE MACHT DER FREUNDLICHKEIT

Als **Freundlichkeit** bezeichnen allgemeiner Sprachgebrauch und Sozialpsychologie das anerkennende, **respektvolle und wohlwollende Verhalten** eines Menschen, aber auch die **innere wohlwollende Geneigtheit** gegenüber seiner sozialen Umgebung. Ihr Gegenteil ist die Feindseligkeit oder Aversion.

(WIKIPEDIA)

Freundlichkeit – zu Ihnen selbst, zu den Menschen, die Ihnen nahestehen, zu Ihren Kollegen und Mitarbeitern und zu Ihren Gästen – ist dabei der Faktor Nummer eins. Freundlichkeit ist eine ganz bestimmte Haltung und Grundtugend. Sie hat eine gewisse Magie, lässt uns strahlen und Freunde gewinnen. Und: Freundlichkeit hat Macht.

⟫ Die Macht der Freundlichkeit

Ich werde nie vergessen, wie ich die Macht der Freundlichkeit zum ersten Mal hautnah miterlebte. Ich war – Näheres dazu später – parallel zur Gastrobranche in jungen Jahren in der Kino- und Filmbranche tätig. Einer meiner ersten Chefs im Kino war Kölner. Von ihm habe ich als Düsseldorfer gelernt, wie liebenswert die Kölner sein können. Christian Flau war eine Führungskraft, die gut führte, aber ohne den dominanten Einsatz von Autorität. Er war relativ klein gewachsen, gesundheitlich angeschlagen – und ein unglaublich sympathischer Mensch.

Eine Geschichte, die ich mit ihm erlebt habe, möchte ich erzählen. Ich, junger Theaterleiter-Assistent mit 22 Jahren, hatte festgestellt, dass in unserem Kinocenter, dem ersten Haus am Platze, ein Obdachloser auf dem Fußboden der Kassenhalle sein Lager aufgeschlagen hatte. Das passte natürlich nicht zu unserem Haus mit seiner guten Gastronomie und dem gepflegten Image. Eifrig darauf bedacht, unser Haus »sauber« zu halten, wollte ich diesen Mann loswerden. Also marschierte ich in die Kassenhalle, um ihn rauszuwerfen.

Christian, der das mitbekam, bat mich, einen Moment zu warten. »Du hast recht, das passt nicht so ganz, aber gib mir eine Chance, es auf meine Weise zu versuchen.« Ich war ziemlich überrascht, weil so etwas sicher eher meine Aufgabe war und nicht Chefsache. Aber gut. Er ging zu dem Mann hin, setzte sich in seinem Anzug zu ihm auf den Boden, zog ein Päckchen Zigaretten aus der Tasche, bot ihm eine an, rauchte gemeinsam mit ihm und sprach etwas mit ihm, was ich nicht verstehen konnte. Am Ende des Gesprächs zog er die Zigarettenpackung noch einmal heraus, der Obdachlose nahm sich zwei Zigaretten, bekam das Päckchen Streichhölzer, die beiden verabschiedeten sich mit Handschlag. Der Obdachlose ging, ohne dass es den geringsten Ärger gegeben hätte.

Ich war fassungslos. Natürlich wollte ich wissen, wie ihm dieses Kunststück gelungen war. »Ich habe einfach mit ihm gesprochen«, sagte er. »Von Mensch zu Mensch. Ich habe ihm gesagt, dass sein Aufenthalt bei uns im Foyer ein wenig unpassend wirkt, dass sich aber niemand daran stört, wenn er sich zwei Türen weiter hinsetzt.« Das hatten die beiden bei einer Zigarette geklärt, und damit war die Sache aus der Welt. Im Sinne Gandhis, ohne Konflikt, mit einem Gespräch auf Augenhöhe, konnte diese unangenehme Situation auf freundliche, dem Menschen zugewandte Art gelöst werden.

Ich hätte, unerfahren wie ich war, nicht auf Freundlichkeit gesetzt, sondern Autorität gezeigt. Und das wäre, wie ich heute ganz sicher weiß, falsch gewesen.

>> Freundlichkeit in Worten schafft Vertrauen. Freundlichkeit im Denken schafft Tiefe. Freundlichkeit im Geben schafft Liebe. << Lao-Tse

WAS HEISST DENN HIER GLÜCK?

Die Glücksforschung ist eine eher unromantische Wissenschaft. Sie beschäftigt sich entweder sehr viel mit Statistiken. Oder sie ist eher neurowissenschaftlich ausgerichtet und zeigt uns, dass das, was wir als Glück erleben, auf die Arbeit von bestimmten Botenstoffen in unserem Körper zurückgeht, die im Gehirn wiederum bestimmte Reaktionen auslösen. Hat man sich mit diesem Gedanken einmal abgefunden wird es trotzdem ganz spannend. Sei es die Frage, warum die Menschen in manchen Ländern ihr Leben als so viel glücklicher empfinden als andere – dazu gibt es die regelmäßigen Glücksreports, bei denen die Skandinavier zuverlässig vorne liegen. Oder sei es die Frage, welche Stoffe in unserem Körper es denn nun sind, die Glücksgefühle auslösen.

Da gibt es zunächst mal das **Dopamin**. Es ist ein Botenstoff, der für Antrieb sorgt, und wenn es ausgeschüttet wird, erleben wir Hochgefühle wie Vorfreude, Wiedersehensfreude, Glück nach einem Sieg und so weiter. Der Name deutet es schon an, Dopamin ist Doping für die Seele.

Eher langfristig ausgerichtet ist die Wirkung von **Serotonin**. Der Name leitet sich von dem lateinischen Wort »serenitas« ab, was so viel heißt wie »heitere Gelassenheit«. Serotonin sorgt für Wohlgefühl, Zugehörigkeit, ausgeglichen heitere Stimmung, Gelassenheit, Zufriedenheit. Beim Zusammensein mit guten, verlässlichen Freunden wird Serotonin ausgeschüttet, es dämpft Angst, Aggressivität, Hunger, Kummer, Niedergeschlagenheit und Depression.

Und dann gibt es das »Bindungshormon« **Oxytocin**. Es sorgt für Vertrauen, Treue, Fairness, Liebe und die Bereitschaft, mit einem anderen Menschen ein Risiko einzugehen. Bei der Geburt eines Kindes wird jede Menge Oxytocin ausgeschüttet, aber auch bei gutem, erfüllendem Sex, beim Kuscheln und beim Streicheln eines Haustieres (übrigens beim Menschen ebenso wie bei dem betreffenden Haustier) wie auch beim Zusammensein mit guten Freunden.

Daraus ergeben sich die fünf »Säulen« dieses Buchs, was die fachliche Information für gelungenes Management angeht.

1. DAS RICHTIGE PROJEKT FINDEN, ENTWICKELN UND PLANEN
2. MENSCHENFREUNDLICHE/MENSCHENZENTRIERTE ORGANISATION
3. GASTFREUNDSCHAFT UND FREUNDLICHKEIT ALS KERN UNSERES TUNS
4. VERÄNDERUNGEN RICHTIG MANAGEN
5. KONSTANTE WEITERENTWICKLUNG

Das alles gilt im Privatleben übrigens ebenso wie für Unternehmen und Organisationen. Der Kernpunkt einer menschenzentrierten Organisation – die immer und unabdingbar eine freundliche Organisation sein muss – richtet sich jedoch ganz konkret an alle, die ...

... Veränderungen jetzt und in Zukunft als Erfolgsbasis brauchen.

... zufriedene Mitarbeiter/Mitstreiter haben wollen.

... als »Mitarbeitermarke« stark sein wollen.

Speziell in unserer aktuellen angespannten Personalsituation in der Hospitalitybranche – die inzwischen in vielen Regionen Deutschlands nahtlos auf andere Branchen übertragbar ist – wird die Zufriedenheit, ja, das Glück der Mitarbeiter nämlich zur Basis jedes Unternehmenserfolgs. Und viele Firmen haben verstanden, dass nur Menschen der Schlüssel zum Unternehmenserfolg sind. Doch dieses Buch ist das erste, das sich wirklich intensiv und nachhaltig mit dem Thema befasst.

Menschenzentriertheit spielt freilich nicht nur in Bezug auf Mitarbeiter im Unternehmen eine Rolle, sondern in unserer Branche wie im gesamten Dienstleistungsbereich in Bezug auf unsere Gäste bzw. Kunden. Wobei ich in diesem Buch nur noch den Begriff »Gäste« verwenden möchte. Wo Dienstleistung richtig verstanden wird, ist jeder, der zu uns kommt, ein Gast. Also fangen wir in diesem Buch gleich damit an und verwenden nur noch diesen Begriff.

Zusammengefasst heißt das: Erfolgreich kann langfristig nur derjenige sein, der die Menschen in den Mittelpunkt stellt und werteorientiert handelt. Ein solcher Umgang mit Menschen ist wirkungsvoll in vielerlei Hinsicht. Und auf dem Umweg über gute Beziehungen und Freundschaften führt er womöglich sogar zu einem längeren und gesünderen, sicher aber glücklicheren Leben. Zahlreiche Studien belegen, dass freundliche Menschen mit echten Freunden länger, gesünder und glücklicher leben.

Menschen glücklich zu machen ist der einfachste Weg, um sich selbst glücklich zu machen. Das allein könnte schon Ansporn genug sein.

»Es ist der Sinn und Zweck deines Lebens, glücklich zu sein.« Dalai Lama

Das ist der eine Unterschied. Der andere Unterschied ergibt sich aus meiner eigenen Geschichte und der Entwicklung meiner Kompetenz.

»Ich wollte immer Gastgeber sein

Ich will Ihnen von meinem Werdegang erzählen, weil er zeigt, wie ich wurde, was ich heute bin. Meine Herkunft, die wichtigen Life Changes, das alles illustriert vielleicht am besten, welche Form von Unternehmertum und Gastgeberschaft ich lebe und warum ich glaube, dass wir nur mit Freundlichkeit und einem Lächeln Erfolg haben können.

Ich habe einen erheblichen und wichtigen Teil meiner Kindheit bei meiner Großmutter verbracht. Meine Mutter hatte eine klassische Ballettausbildung, verließ aber nach einiger Zeit das klassische Ballett und ging nach Paris. Ihre Tätigkeit als Tänzerin dort ließ ihr nicht viel Zeit, ein Kind großzuziehen. Zum Glück übernahm ihre Mutter, die in Düsseldorf lebte, diesen Part, und ich habe bei ihr nichts vermisst.

Meine Großmutter hatte zwei Kriege erlebt und war eine sehr bescheidene Frau. Diese Bescheidenheit und ihre Bodenständigkeit hat sie mir von klein auf vermittelt. Mag sein, dass ich deutlich wohlhabender wäre, wenn ich in einer anderen Umgebung aufgewachsen wäre. Aber ich habe nie den Eindruck gehabt, wir wären arm (außer einmal, als die Mutter einer Mitschülerin glaubte, »meine« englische Austauschschülerin vor der angeblich unzumutbaren Unterbringung in unserer kleinen Wohnung retten zu müssen). Vielleicht liegt das daran, dass ich etwas anderes, viel Wichtigeres und Wertvolleres mitbekommen habe: ein hilfreiches Korsett aus Demut, Zufriedenheit und Werten. Und das Wissen, dass man für den Erfolg auch Fleiß und Hartnäckigkeit braucht.

Ich habe irgendwann beruflich die Siebenmeilenstiefel angezogen, um erfolgreich zu werden. Aber in meiner Branche, der Hospitalitybranche, wird man in der Regel nicht steinreich. Man kann Effekte nicht multiplizieren, wie man es beispielsweise als Investmentbanker könnte.

Was ich ebenfalls mitbekommen habe, war ein gewisses Maß an Unabhängigkeit. Das kam gezwungenermaßen, ich war ein Stück weit auf mich gestellt. Meine Oma arbeitete in einem Kino als Platzanweiserin und parallel als Haushälterin. In der Schule gab es ziemlich viel Auf und Ab. Ich war durchaus intelligent – so intelligent, dass man mich schon mit neun Jahren aufs Gymnasium schickte –, aber verspielt und voller verrückter Ideen. So ging der Weg vom Gymnasium über die Realschule zurück zur Hauptschule und wieder über das Aufbaugymnasium zum Abitur. Damit war ich der erste in meiner Familie mit Abitur, und meine Noten konnten sich durchaus sehen lassen. Die ganze Schulzeit über jobbte ich in einem Kino, zuerst dort, wo meine Oma arbeitete, später auch an anderen Stellen. Mit diesen Jobs finanzierte ich mir meine erste eigene Kameraausrüstung. Ich wollte nämlich unbedingt Fotograf werden.

Den Start in diesen Bereich ermöglichte mir – da war ich fünfzehn – ein Unternehmer, der ein Fotostudio und ein Labor für Berufsfotografen hatte. Dort arbeitete ich halbtags am Nachmittag, neben der Schule. Das war Teil des Deals, mein Chef bestand darauf, dass ich mit dem Aufbaugymnasium weitermachte. Hätte ich die Schule ohne Abitur geschmissen, wäre ich auch diesen Job losgewesen, das war seine Bedingung. Dort lernte ich viele Fotografen kennen, darunter Persönlichkeiten wie Charles Wilp und, sehr beeindruckend für mich, Peter Lindbergh, der in der Folge zu einem der berühmtesten Modefotografen der Welt wurde.

Meine Mutter ist viel gereist, lebte in Paris und arbeitete im Moulin Rouge, wo hauptsächlich Profitänzerinnen und -tänzer aus Großbritannien und Deutschland engagiert wurden. Später hat sie das Tourballett des Moulin Rouge geleitet. Für mich war das eine Gelegenheit, viele Künstler kennenzulernen, wenn ich meine Mutter in den Ferien besuchte. Backstage zu sein, war mein höchstes Vergnügen. Und der Kontakt mit Stars und Sternchen war sicher auch eine ganz gute Vorbereitung auf meine spätere Tätigkeit als Vollblutgastgeber. Nach dem Abitur hatte ich zunächst den Wunsch, Psychologie zu studieren, aber das scheiterte an den hohen Anforderungen im Bereich Statistik und Mathematik – nicht unbedingt meine größte Stärke. Also wurde es eine Hotelausbildung. Mein Wunsch, Fotograf zu werden, hatte sich allmählich aufgelöst, weil ich in meinem Laborjob mitbekam, wie schwierig und künstlerisch unfrei diese Arbeit in der Regel ist, auch und gerade, wenn man »frei« arbeitet.

Im Hotel machte ich ein zweijähriges Management-Traineeprogramm. Mein Plan: Erst mal ein Jahr Arbeit in Paris und dann in London, um in der Sprache perfekt zu werden, dann BWL-Studium – und dann wollte ich ziemlich schnell Hoteldirektor werden.

Aber es kam natürlich ganz anders. Die Leute aus dem Kino, in dem ich gejobbt hatte, haben mich abgeworben. Sie haben mich mit dem Argument überzeugt, bei ihnen könne ich Führungserfahrung sammeln, große Kinocenter führen (zu dieser Zeit entstanden die großen Multiplexkinos). Nach einer internen Ausbildung war ich mit 22 Jahren Assistent eines Filmtheaterleiters und ein Jahr später Leiter eines mittleren Hauses mit mehreren Kinos, wenig später eines größeren Hauses. Marketing und Pressearbeit waren mir dabei besonders wichtig. Von dort aus ging es dann zur deutschen Niederlassung des Filmverleihs United Artists (die damals zum Beispiel die James-Bond-Filme herausbrachten), wo ich Assistent des Pressechefs wurde.

Auf einmal war ich so richtig drin in der großen weiten Welt der Topjournalisten und Filmstars. Persönlichkeiten wie der spätere Spiegel-Feuilletonchef Hellmuth Karasek, Hanna Schygulla, Warren Beatty, Barbra Streisand, Jack Nicholson, Sophie Marceau, Hugh Grant, Steven Spielberg, Drew Barrymore und viele andere waren plötzlich sozusagen Teil meines Alltags. Und bei dieser Gelegenheit durfte ich die Luxushotels dieser Welt kennenlernen, wie zum Beispiel das Brenners Parkhotel in Baden-Baden.

Ausbalanciert wurde dieser »Höhenflug« durch meinen Zivildienst im Katastrophenschutz und bei der Feuerwehr. Da lernt man Dinge wir Bodenständigkeit und Kameradschaft – wenn man sie nicht schon hat. Und man lernt, sich auf den Partner hundertprozentig zu verlassen. Wenn man in einen brennenden Raum geht, in dem man vor Rauch nichts sieht, geht das nur mit einem absolut verlässlichen Partner am anderen Ende der Sicherheitsleine.

Dann wurden die amerikanischen Filmverleiher MGM/United Artists in den USA zusammengelegt, und die Karriereaussichten in Deutschland sahen nicht mehr rosig aus. Ich habe mich entschlossen, nicht abzuwarten, was man mit mir vorhatte, sondern die Flucht nach vorn anzutreten. So kam ich zu meinem ersten gastronomischen Betrieb – einem Café. Immerhin sprang für mich bei United Artists – oder besser gesagt, bei dem Zusammenschluss von Paramount, Universal, Dreamworks und MGM/United Artists – noch ein Beratervertrag heraus, den ich fast zwanzig Jahre hielt.

Zum ersten Café kam ein zweites, und irgendwann waren es, gemeinsam mit Partnern, 13 Betriebe. Der Weg von einem kleinen Café zu 13 gastronomischen Betrieben inklusive einem großen Dinner-Club mit insgesamt 2000 Quadratmetern und 400 Mitarbeitern – ich war in meinem Element. In der Presse nannte man mich den »Konzeptkönig der Gastronomie«.

Was das alles für mich zusammenhielt? Der Wunsch, Menschen zu unterhalten, zu bewirten, Gastgeber zu sein. Erst sehr spät ist mir klargeworden, dass Fotografie, Kino und Hospitality hier ihre Gemeinsamkeit finden: Ich wollte immer Gastgeber sein, wollte anderen Menschen Gutes tun, sie unterhalten – und dabei richtig, richtig erfolgreich sein.

In meinen Anfangszeiten war es noch relativ einfach, gute Mitarbeiter auch für die Großgastronomie zu finden. Das ist inzwischen anders, es ist sehr schwierig geworden. Ich habe viele Eröffnungen als Führungskraft erlebt, habe Rückschläge erlitten, zu schnell expandiert, den Boden unter den Füßen und meine Mitarbeiter aus den Augen verloren. In Sachen Führung musste ich vieles lernen, mir anlesen und in der Praxis erproben.

Eines meiner Lieblingsprojekte war das NYC = New York Cafe, ein Better-Burger-Restaurant in Frankfurt. Während meiner Recherchen dazu habe ich New York bestens kennengelernt, nicht nur von der gastronomischen Seite. Als sich das herumsprach, kamen die ersten Kunden aus der Hospitalitybranche auf mich zu und baten mich, Reisen für ihre Führungskräfte durchzuführen. Solche Trendreisen betreue ich bis heute und mit großer Freude – nicht nur nach New York, sondern weltweit. 30 Städte beobachte ich inzwischen und habe mir in den letzten 20 Jahren den Ruf eines Trendexperten erworben. So bin ich zum Weltenbummler geworden und habe gleichzeitig mein Gespür für Innovation und Disruption entwickelt. Ich versuche, das Fliegen zu vermeiden, wo ich kann, aber es bleiben immer noch 150.000 bis 200.000 Flugmeilen pro Jahr, und mit dem Zug kommen noch mal 50.000 Kilometer dazu.

Anfang der 2000er Jahre kam dann die Krise. Wir nahmen einen Investor mit ins Boot, der immer mehr Geschäftsvorgänge an sich zog. Als mir das allmählich unheimlich wurde und ich mich mit meinem Anwalt beriet, sagte der den schönen Satz: »Das ist kein Kauf, sondern eine geschickte Taktik zur Verringerung der Zahl der Gesellschafter.« Was er damit sagen wollte: Ich hatte diese Firma aufgebaut, sie war mein Baby. Ich hatte das Konzept geschaffen, und die Mitarbeiter waren meine Familie. Und jetzt wollte sie jemand nutzen und mich ausbooten. Das wollte ich zuerst nicht wahrhaben, aber leider hatte mein Anwalt recht. Dabei hätte ich es wissen können: Bei einer Gelegenheit hatte mich der Investor anlässlich einer Besprechung von meinem Platz in der Mitte meiner Leute mit der Bemerkung verdrängt: »Setz dich doch lieber mal da drüben hin, wer in der Mitte sitzt, sollte was zu sagen haben.« Es war eine der schlimmsten Erniedrigungen in meinem Leben. Warum bei mir, trotz des Gefühls der Erniedrigung, nicht sämtliche Alarmglocken geschrillt haben, weiß ich bis heute nicht. Aber wie hat Rosely Schweizer, Enkelin des Unternehmensgründers Rudolph Oetker und Politikerin in Baden-Württemberg, einmal zu mir gesagt: »Wissen Sie, Herr Nierhaus, wer sein Handeln stets begreift, lebt ständig unter seinem Niveau.«

Doch damals war das alles gar nicht lustig. Als ich mich auf einen Verkauf einließ, musste ich im Nachgang feststellen, dass die Betriebe weiterverkauft wurden.

Mir hat es das Herz gebrochen, zu sehen, was mit meinen »Babys« geschah. Und ich musste feststellen, dass man noch auf meinen Namen Schulden gemacht hatte. Es ging um alte Bürgschaften, die ich, wohl etwas leichtsinnig, mit unterschrieben hatte. Auf einmal stand ich mit 1,6 Millionen Euro Verbindlichkeiten da. Erfolgsgewohnt und branchenbekannt, wie ich war, fiel ich in ein tiefes Loch. Ich war finanziell – nicht moralisch – ganz unten angekommen.

Von dort aus konnte es nur noch bergauf gehen. Ich konnte mit meinen Beratungserfahrungen und der Trendexpertise punkten und schnell eine neue Existenz aufbauen. Mithilfe eines guten Plans B – unter anderem durch sehr aufwändige Weiterbildung, Kurse und Seminare –, weil ich mir ab einem bestimmten Punkt meiner Partner nicht mehr sicher war, bin ich mit einem blauen Auge aus der Krise herausgekommen. Aber ich habe dabei extrem viel Geld verloren. Und es ist für einen erfolgsgewohnten Menschen nicht einfach, zu begreifen, dass er so einfach und in derart bösartiger Weise übers Ohr gehauen worden ist. Zum Glück hatte ich am Anfang noch genug gute Anzüge und Schuhe im Schrank, denn ich hätte mir so leicht keine mehr kaufen können. Vom Pleitier zum anerkannten Trendexperten war es ein harter und zeitweise bitterer Weg. Es hat fast drei Jahre gedauert, bis ich mich wieder aus dem Schlamassel herausmanövriert hatte. Auf eine Klage habe ich verzichtet, denn ich hätte, so mein Anwalt, zwar wohl Recht bekommen, aber das Geld nie wiedergesehen. Und ich wollte einfach einen klaren Kopf haben. Der neue Partner wurde später auch strafrechtlich belangt.

Ich habe dann nach zehn Jahren Partnerschaft meine Frau Stephanie geheiratet, wir haben zwei Kinder. In den zwei bis drei Jahren, in denen es finanziell richtig schlimm aussah, hat sie standfest zu mir gehalten – auch wenn wir immer dort einkauften und essen gingen, wo es gerade Sonderangebote gab. Als sie mich kennengelernt hatte, war ich der erfolgsverwöhnte Konzeptkönig gewesen, immer auch mit reichlich Geld in der Tasche …

Was ist daraus geworden? Ich bin heute als Hospitality- und Trendexperte und -berater tätig, habe all die Jahre weitere Erfahrungen in der Gastronomie gesammelt und mich konstant weitergebildet, unter anderem durch Seminare an amerikanischen Universitäten. Das gilt auch für die Themen Führung, Coaching und Systeme.

》Lass dir von niemanden deine Träume stehlen.《 Lao Tse

FINDE **DEIN PROJEKT** UND MACH ES MIT **FREUNDLICHKEIT** **ERFOLGREICH**

Also gut, jetzt können Sie einschätzen, woran Sie sind, wenn Sie sich auf meinen Ansatz einlassen. Sie werden in diesem Buch auf der einen Seite viel zum Thema gelungenes Management erfahren. Aber wir kommen immer wieder auf das Thema Glück und Freundlichkeit zurück, eben weil ich glaube, dass diese beiden Elemente entscheidend für Ihren Erfolg sind. Damit ist alles, was damit zusammenhängt, viel mehr als bloße »Soft Skills«. Einige Kapitel in diesem Buch beschäftigen sich mehr mit praktischem Management, andere sehr intensiv mit dem Menschen im Mittelpunkt. Da man aber das eine vom anderen kaum trennen kann, finden Sie in der grafischen Gestaltung der Kapitel immer wieder ganz schnell den »roten Faden« und wo Sie gerade sind. So können Sie sich entweder mit den praktischen Fragen beschäftigen oder das Thema »Menschenzentriertes Arbeiten« und Freundlichkeit vertiefen – ganz wie Sie es im Augenblick brauchen.

DIE WICHTIGSTEN **SCHRITTE**

Wenn Sie Erfolg haben wollen, geht es darum, das richtige Projekt/Ihr Projekt zu finden, sich für eine gute, menschenfreundliche Haltung zu entscheiden und diese Haltung jeden Tag zu leben. Das ist die Basis.

Im zweiten Schritt geht es dann darum, die Menschen in den Mittelpunkt zu stellen. Mitarbeiter, Teamkollegen, Freunde und Familie sind das Wichtigste. Wenn Sie diese Menschen erfolgreich und verantwortungsvoll – und wenn möglich glücklich – machen, profitiert davon Ihr Projekt. Respektieren Sie sie. Helfen Sie ihnen. Sorgen Sie für eine motivierende Umgebung, in der Menschen sich entfalten und weiterentwickeln können. Und sorgen

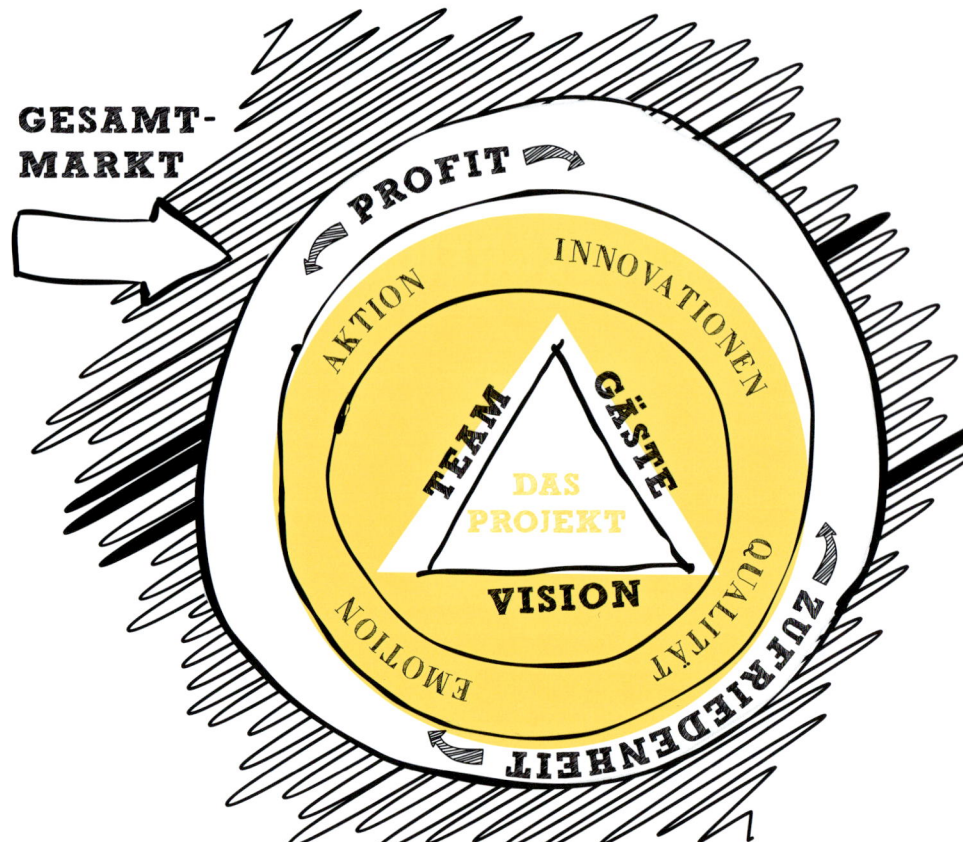

GESAMT-MARKT

Projekt-Triangel: *Im Inneren sehen Sie »das Projekt«. Die drei Seiten sind gleichwertig: Vision (Idee/Sinn), Team (Mitstreiter) und Gäste (Kunden, Klienten, Nutznießer). Diese Gleichberechtigung ist neu und ein wichtiger Erfolgsfaktor für künftige Projekte.*

Sie auch für Spaß bei der Arbeit. So ziehen Sie gute Mitstreiter an. Und die ziehen weitere Menschen an, die für Ihr Projekt und seinen Erfolg wichtig sind.

Legen Sie von Anfang an einen Grundsatz fest, an den sich alle halten: Alle »Mitstreiter« sorgen sich um Kunden und Gäste so, wie wir selbst behandelt werden wollen. Wir sind freundlich. Das heißt, wir sind nicht einfach bloß »irgendwie nett«, sondern wir kümmern uns echt und ehrlich um die Menschen, die zu uns kommen. »Take care« ist unser Motto. Dadurch verkaufen wir gut, können wachsen und haben die Chance, ein noch besseres Umfeld mit noch mehr Möglichkeiten zur Entfaltung zu schaffen.

Um das alles zu erreichen, brauchen wir werteorientierte Prinzipien. Die sind nicht neu, aber es lohnt sich, sie immer wieder zu reflektieren und in den Vordergrund zu stellen. Wir brauchen aber auch klassisches Werkzeug aus Führung und Management. Wir müssen wissen, wie wir die richtigen Ideen und Projekte in Visionen umwandeln, die alle mitreißen. Wir müssen (immer öfter) Veränderungen durchführen und unser Team dabei einbeziehen und mitnehmen. Und wir müssen uns jeden Tag aufs Neue fragen, wie wir noch besser werden können – und was als Nächstes kommt.

Das war's schon? Ja, das war's schon. Klingt einfach und gar nicht nach einem Geheimnis. Aber der Reihe nach. In den folgenden fünf Kapiteln stelle ich die wichtigsten Elemente dieses Ansatzes vor und erkläre, wie man sie umsetzt. Damit ist nicht alles getan. Aber das Wichtigste. Und darauf kommt es an.

Ich habe es schon einmal in meinem gemeinsam mit Jean-Georges Ploner verfassten Buch »Reich in der Gastronomie« gesagt. Und weil es mir so gut gefällt und auch nach mehr als zehn Jahren immer noch wahr ist, sage ich es hier noch einmal, fast mit denselben Worten:

Egal, wie Sie Reichtum definieren – wenn Sie die richtige Vision haben und hart arbeiten, werden Sie reich. Das Grundwissen sind erfolgserprobte Rezepte – umsetzen müssen Sie sie aber selbst. Und Sie müssen Ihren eigenen Stil darin finden, die Dinge so zu tun wie es zu Ihnen passt. Verbessern Sie, gemeinsam mit Ihrem Team, ständig Ihre Führungsqualitäten. Helfen Sie Ihren Mitarbeitern, besser zu werden, trauen Sie ihnen etwas zu, geben Sie ihnen Verantwortung. Versuchen Sie, alles immer noch ein bisschen besser zu machen als am Tag zuvor, ohne dabei in übertriebenen Perfektionismus abzudriften. Denken Sie stets daran, dass Sie Geld verdienen wollen. Achten Sie also darauf, dass das, was Sie tun, profitabel ist. Und halten Sie Ihr Geld zusammen, ohne die Großzügigkeit aufzugeben (doch, das geht!). Bleiben Sie sich treu, und bleiben Sie vor allem Ihren Werten treu. Behandeln Sie andere Menschen anständig, arbeiten Sie hart, geben Sie nicht auf, und Sie werden Ihre Ziele erreichen. Und lassen Sie sich von niemandem Ihre Träume nehmen.

》Lerne die Regeln des Spiels und dann spiele besser als alle anderen.《 Albert Einstein

20 FORMELN FÜR
ERFOLGREICHE, GLÜCKLICHE
MACHER

Aus all diesen Gedanken über die Entwicklung menschenfreundlicher und gerade dadurch erfolgreicher Unternehmenskonzepte leiten sich 18 Prinzipien ab, die ich hier kurz aufzählen und erklären will.

• **TRÄUME** GROSS UND LASS DIR VON NIEMANDEM DEINE TRÄUME NEHMEN: Was Sie sich erträumen und vorstellen können, das können Sie auch erreichen und leben. Ihre Träume gehören nur Ihnen allein, die kann Ihnen niemand nehmen. Und Sie können jeden Tag wieder damit starten, sie wahr zu machen und ihnen einen Schritt näher zu kommen. Träume helfen Ihnen, Ziele festzulegen und Pläne zu entwickeln.

• **SEI FREUNDLICH,** ABER NIE GUTMÜTIG: Lächeln Sie – auch am Telefon – sprechen Sie freundlich mit anderen Menschen, verbieten Sie sich Grantigkeit und schlechte Laune. ABER: Seien Sie nicht »gutmütig«. Lassen Sie sich nicht ausnutzen. Sagen Sie nicht zu allem Ja, sondern behalten Sie sich ein Nein in freundlichem Ton vor. Wer Freundlichkeit mit Schwäche verwechselt, sollte merken, dass er sich getäuscht hat. Identifizieren Sie Schnorrer und trennen Sie sich so schnell wie möglich von Ihnen.

• MACH **KLARE PLÄNE:** Was auch immer Sie beruflich oder privat vorhaben, seien Sie klar und eindeutig. Das ist für Sie selbst wichtig, aber auch für alle, mit denen Sie bei der Verwirklichung Ihrer Pläne zu tun haben. Und wenn etwas nicht nach Plan läuft? Dafür gibt es Plan B. Immer? Fast immer. Plan B ist nicht zu verwechseln mit einem konkurrierenden Projekt. Bei Ihren ganz großen Lebensplänen empfiehlt es sich eher, keinen Plan B in der Hinterhand zu haben. Sie wollen schließlich »wie besessen« Ihr Ding machen.

• RICHTIG ENTSCHEIDEN: **DO THE RIGHT THING:** Achten Sie beim Verwirklichen Ihrer Pläne auf richtige Entscheidungen. Kopf und Bauch spielen hier eng zusammen. Es muss sich einfach richtig anfühlen. Und wie bei den Plänen gilt: Treffen Sie Ihre

Entscheidungen klar und konsequent und kommunizieren Sie sie auch so. Und handeln Sie danach – die richtigste Entscheidung nützt nichts, wenn ihr keine Taten folgen.

- **GLAUB AN DICH**, NICHT AN DIE WEGE ANDERER: Alles ist möglich, wenn Sie an sich glauben. Es gibt so viele Erfolgsgeschichten – und es gibt einen guten Spruch dazu, der aus dem Film »The Edge« stammt. Er lautet: »What one man can do, another man can do.« Was ein Mensch schaffen kann, können auch andere schaffen. Natürlich haben sie nicht die Armspanne eines Weltklasseschwimmers, aber alles andere können Sie schaffen. Glauben Sie an sich, nicht an die Wege anderer.

- SEI **OFFEN** UND **NEUGIERIG**: Probieren Sie immer wieder Neues aus, lernen Sie jeden Tag dazu. Sprechen Sie mit interessanten Menschen, vielleicht können Sie von deren Erfolgen (und noch viel mehr von ihren Misserfolgen) sehr viel lernen. Lernen Sie jeden Tag dazu, hören Sie zu, seien Sie aufmerksam und achtsam. Das gilt übrigens ein Leben lang – fertig sind wir nie. Nur so können Sie immer besser werden. Und außerdem macht Neugier Spaß und bringt Dynamik ins Leben.

- ARBEITE **HART** UND **HARTNÄCKIG**: Fleiß ist eine altmodische Tugend, aber gerade in der Hospitalitybranche geht es nicht ohne. Jeden Tag viele Schritte und Handgriffe tun, die berühmte Extrameile für den Gast gehen, ungünstige Arbeitszeiten auf sich nehmen ... all das gehört einfach dazu. Aber sorgen Sie dafür, dass es nicht kompliziert wird. Wo immer ein Problem auftaucht, suchen Sie nach der besten EINFACHEN Lösung. Und bleiben Sie dran, dann wird der Erfolg kommen.

- ERGREIFE **DIE INITIATIVE**: Wenn Sie nicht über sich bestimmen, tun es andere. Also ergreifen Sie die Initiative, gehen Sie voran, warten Sie nicht, bis andere den Weg vorzeichnen. Wenn Sie selbst Verantwortung übernehmen, können Sie proaktiv Ihre Situation verbessern. Wenn Sie das nicht tun, bestimmen andere, was Sie tun.

- NIMM ANDERE MENSCHEN **WIRKLICH WAHR**: Was wünscht sich der andere? Womit kann man ihn glücklich machen? Wenn Sie sich diese Frage stellen, sind Sie dem anderen ganz nah. Und genau da gehören Sie hin. Mit Freundlichkeit. Sei präsent und spüre die Präsenz der anderen.

- BEHANDLE MENSCHEN **ANSTÄNDIG:** Sowohl unsere Gäste als auch die Menschen, die in unseren Betrieben arbeiten, bilden eine bunt zusammengesetzte Gruppe. Wir können es uns schlicht nicht leisten, unser Verhalten ihnen gegenüber von Vorurteilen beeinträchtigen zu lassen. Geschlecht, Alter, Hautfarbe, sexuelle Orientierung, Religion und Weltanschauung. Das alles spielt keine Rolle, wenn wir uns vornehmen, alle Menschen anständig zu behandeln.

- PFLEGE **POSITIVES DENKEN:** Nicht ohne Grund sprechen wir sowohl von einer inneren als auch einer äußeren Haltung. Wer positiv denkt, wirkt auch positiv. Jede und jeder von uns kennt das Phänomen, dass wir als Single langsam, aber sicher deprimiert feststellen müssen: Niemand interessiert sich für mich. Sind wir aber glücklich verliebt, werden wir auf einmal auch wieder interessant für viele andere attraktive Menschen.

- **UMGIB DICH** MIT INTERESSANTEN MENSCHEN: Das hat mit Neugier und Lernen zu tun. Spannend wird es vor allem dann, wenn Menschen erfolgreicher oder auf ihrem Weg weiter sind als Sie. Das muss gar nicht auf den ersten Blick sichtbar sein und lässt sich möglicherweise auch nicht an der Stellung in einer Hierarchie oder gar am Geldbeutel festmachen. Lernen können Sie von vielen. Suchen Sie sich vor allem Menschen, die erfolgreicher sind als Sie – vielleicht finden Sie auf diese Weise auch einen guten Mentor, der Ihnen weiterhilft.

- **BEGEGNE** MENSCHEN MIT WOHLWOLLEN: Nehmen Sie Menschen wahr und schauen Sie sie wohlwollend an. Vertrauensvorschuss ist gut, und Wohlwollen ist ein wichtiger Bestandteil von Freundlichkeit. Das heißt ja nicht, dass Sie naiv und blauäugig durchs Leben gehen müssen. Wir sind erwachsene Menschen, und dazu gehört eine gewisse Vorsicht.

- ARBEIT **IST SPASS:** ... und wenn sie es einmal nicht ist, sorgen Sie dafür, dass sich das schnell ändert. Denn es kann gut sein, dass Sie viel Zeit und Energie in Ihre Arbeit stecken müssen, wenn Sie erfolgreich sein wollen. Wenn es richtig Spaß macht, hat man nicht das Gefühl, arbeiten zu müssen.

- Sei **FOKUSSIERT**: Machen Sie Ihr Ding, seien Sie konsequent, lassen Sie sich nicht von Ihrem großen Plan/Traum abbringen. Wenn Sie anfangen, auf Ablenkungen einzugehen, schauen Sie nach, woran das liegt. Vielleicht müssen Sie Ihren Weg ein bisschen neu ausrichten.

- BLEIB LOCKER UND **TRAU DICH ZU LACHEN:** Lächeln und Lachen sind wichtig. Sie sind nicht nur ein Zeichen für positive Stimmung, sie sorgen auch dafür, dass wir gut gestimmt sind. Und wer über sich selbst lachen kann, gewinnt Menschen für sich.

- ALLES IST ERSETZBAR – NUR **DIE ZEIT NICHT:** Leben Sie heute, lieben Sie heute und respektieren Sie die Zeit anderer. Planen Sie Ihre Zeit gut, damit Sie nicht ins Chaos geraten. Und sorgen Sie dafür, dass Sie für die wirklich wichtigen Dinge – Familie, Freunde, wichtige Gespräche – immer genug Zeit haben und sich kein zeitliches Limit setzen (müssen). Wirklich immer.

- **SEI GROSSZÜGIG:** Die Erfahrung zeigt es immer wieder: Wer großzügig ist und gibt, bekommt das eingesetzte Gut vielfach zurück. Aber identifizieren Sie Schnorrer und Menschen, die Sie ausnutzen wollen. Auch auf die Gefahr hin, mich zu wiederholen: Freundlichkeit darf nicht mit Gutmütigkeit verwechselt werden. Auch ein freundliches Nein kann manchmal sehr wichtig sein.

- ALLES MUSS **SINN ERGEBEN:** Denken Sie daran – was Sie tun, muss Sinn ergeben. Ihr Projekt und alle Schritte dorthin haben ein Ziel: Glück und Erfolg für Sie und die Menschen, die Sie lieben

- **NIEMALS AUFGEBEN:** Winston Churchill sagte einst: »Gib niemals, niemals auf!« Das bedeutet: nicht im Großen und nicht im Kleinen, nicht im Wichtigen und nicht im Unbedeutenden, sich niemals zu beugen, keiner Macht, keinem Zwang, nur den eigenen Grundsätzen und der Vernunft.

ECHT ~~VISIO-NÄR~~

SO GELINGT IHR PROJEKT

In diesem Kapitel geht es ums Anfangen. Denn ganz am Anfang jedes Projekts – sei es groß oder klein – stehen fünf entscheidende Punkte:

Es geht also erst mal um gelungenes Management. Das brauchen Sie für jedes Projekt, aber Ihr Projekt soll ja menschenzentriert sein. Es soll Mitarbeiter und Gäste in den Mittelpunkt des Handelns stellen. Ihr Profit ist der Lohn für eine Unternehmenskultur, in der Sie sich um Ihre Leute kümmern – damit Sie sich alle gemeinsam um Ihre Gäste kümmern können. Denn eins ist klar: Wenn Sie sich nicht um die Menschen kümmern, dann tut es jemand anderer. Und klar ist auch: Ein menschenzentriertes Unternehmen verlangt eine besondere Herangehensweise sowie eine klare, positive Haltung.

>> Es ist sinnlos, zu sagen: Wir tun unser Bestes. Es muss dir gelingen, das zu tun, was erforderlich ist. << Winston Churchill

DAS EIGENE PROJEKT FINDEN

Zunächst wird es darum gehen, Ihr ureigenes Projekt zu finden. Das kann ein ganz kleines, persönliches Projekt sein, ein Start-up, eine Firmengründung oder eine Veränderung eines bestehenden Unternehmens. Alles, was hier gesagt wird, gilt auch für private oder soziale Projekte.

Stellen Sie sich immer wieder die Frage: Ist es »Ihr eines Ding«? Haben Sie richtig Spaß daran? Erfüllt es Sie mit Sinn und ist es tatsächlich »Sinnvoll«? Macht es Sie ... ja: Macht es Sie glücklich?

Nur wenn Sie wirklich dafür brennen, wenn Sie fast schon besessen von Ihrem Projekt sind, entwickeln Sie die Kraft und das Durchhaltevermögen, um Erfolg damit zu haben.

DAS **EINE** **DING** FINDEN

Oft werde ich gefragt: Wie und wo finde ich denn »mein eines Ding«? Tatsächlich ist das gar nicht so einfach in einer Welt, die uns von allen Seiten mit vermeintlich guten Ideen bombardiert. Doch stellen Sie sich einmal in einer ruhigen Stunde die Frage:

Wofür brenne ich? Was macht mir richtig Spaß, und was möchte ich am liebsten tun?

Damit ist aber nur der erste Schritt gemacht, denn diese Frage werden Sie wahrscheinlich eher aus dem Bauch heraus beantworten. Wenn der

Kopf auch mitspielen soll, müssen Fakten her. Schauen Sie sich den Markt an. Finden Sie Lücken und Nischen, die Ihrer ganz persönlichen Idee entsprechen. Beides muss zusammenstimmen, dann sind Sie schon einen großen Schritt weiter. Es muss immer einen »Bedarf« für Ihr Projekt geben, einen Markt.

ES GIBT KEINE MARKTLÜCKEN MEHR ...

Sie denken, es gibt keine Marktlücken mehr? Alles schon mal da gewesen, alles vorhanden? Richtig. Und trotzdem falsch. Denn in der Kombination liegen heute die echten Chancen.

Natürlich gibt es jede Menge Abendrestaurants in den Städten, Restaurants für jeden Stil und Geldbeutel. Dining ist also nicht besonders originell. Es gibt auch jede Menge Discos und Clubs, ganz klar. Dancing ist also auch schon da. Aber Dinner & Dancing? Da sieht es schon anders aus. Mit einem solchen Konzept haben wir LIVING gestartet, ein mega-erfolgreiches Unternehmen. Dieses Dinner & Dance-Konzept war auch nach dem Verkauf noch fünfzehn Jahre lang, bis zum Ende des Mietvertrages, ein voller Erfolg.

Ein anderes Beispiel ist mein Konzept NYC: Da lief der Denkprozess ganz genauso ab. Burgerlokale gibt es zuhauf. Aber US at it's best? Burger, Cesar's Salad, Cheesecake – all die beliebten US-Klassiker – in absolut frischer Top-Qualität und mit einem unschlagbar guten Service? Das war eine Marktlücke. Bei uns wurde jeder Burger nicht nur frisch zubereitet, sondern das Fleisch wurde vor den Augen der Gäste durchgedreht. Wir waren früh dran mit diesem Konzept. Und wir haben es mit großem Erfolg umgesetzt.

》》Ideen helfen immer.《《 Henry, 7 Jahre

In beiden Fällen lag die Einzigartigkeit in der Kombination. So wie einst Apple Erfolg damit hatte, einfachste Funktionalität und gutes Design miteinander zu kombinieren. Und in beiden Fällen war der Erfolg nicht nur das Ergebnis unserer eigenen Leistung. Wir haben die Trends und den Markt beobachtet und daraus unsere Schlüsse gezogen. Wir waren kooperativ, haben gut mit anderen zusammengearbeitet und waren ständig bereit, notwendige Veränderungen anzugehen.

GROSSES BLAUES MEER

Ein interessantes Modell dazu ist das »Blue Ocean«-Modell nach W. Chan Kim und Renée Mauborgne. Es gilt als eines der wichtigsten und erfolgversprechendsten Modelle zum Aufbau dauerhaft profitabler Unternehmen und geht davon aus, dass nur mit innovativen Märkten ein echter Nutzen für die (bereits existierenden und neuen) Kunden geschaffen werden kann, der dann den Erfolg bringt. Diese innovativen Märkte nennen die beiden Autoren »Blue Ocean«, im Gegensatz zum »Red Ocean«, der durch die blutigen Kämpfe mit Raubfischen (den Konkurrenten) hässlich verfärbt ist. Die Blue-Ocean-Strategie setzt auf die Schaffung neuer Märkte, statt sich auf vorhandenen Märkten mit gierigen Haien herumschlagen zu müssen. Sie empfiehlt, der Konkurrenz auszuweichen, statt sie zu schlagen, neue Nachfrage zu generieren und zu erschließen und den direkten Zusammenhang zwischen Kosten und Nutzen auszuhebeln, statt einfach mit immer mehr Geldeinsatz Erfolge erzielen zu wollen. Das bekannteste Beispiel einer Blue-Ocean-Strategie ist übrigens Nespresso mit seinem komplett neuen Kaffee-System.

Für Sie heißt das: Erschließen Sie sich einen neuen »blauen Ozean« durch das intelligente Kombinieren von Geschäftsideen.

>> Nichts spornt mich mehr an als die drei Worte: Das geht nicht. Wenn ich das höre, tue ich alles, um das Unmögliche möglich zu machen. << Harald Zindler

PAIN POINTS ELIMINIEREN

Kennen Sie den Silvestersketch »Dinner for One«? Vermutlich schon, seit vielen Jahren läuft er am letzten Abend des Jahres auf allen Sendern. Einer der vielen wirklich guten Running Gags in diesem Sketch wird ausgelöst durch ein Tigerfell, das genau im Weg des Butlers James liegt, wann immer er vom Tisch zur Anrichte geht, um die Flasche mit dem nächsten Getränk zu holen. Immer wieder stolpert der arme Mann über den Kopf des Tigers.

Einmal hüpft er schlau darüber, doch mit zunehmendem Alkoholkonsum gestaltet sich die Sache immer schwieriger. Es sieht abenteuerlich und gefährlich aus – und sorgt für laute Lacher im Publikum.

Stolperfallen in einem Projekt sind nicht nur lästig, sondern manchmal gefährlich. Sie sind wie dieses Tigerfell. Wir nennen sie »Pain Points«, wörtlich übersetzt: Schmerzpunkte. Bei der Entwicklung eines Projekts können sie zu einer echten Belastung werden. So sehr, dass sie ein Projekt zum Scheitern bringen können, einfach, weil man ständig dabei ist, ihnen auszuweichen. Wer will sich schon dauernd wehtun oder solche akrobatischen Kunststücke vollführen müssen wie der gute alte James?

Wenn Sie nicht enden wollen wir Miss Sophies Butler, kann ich Ihnen nur raten, Pain Points so schnell wie möglich zu eliminieren, sobald sie Ihnen bei der Entwicklung Ihres Projekts auffallen. »Ihr eines Ding« sollte problemlos nutzbar sein. Das gilt für Sie selbst, Ihre Mitarbeiter, aber auch alle Gäste. Eliminieren Sie alles, was kompliziert, unpraktisch oder zu erklärungsbedürftig ist. Umwege, Wartezeiten, lange Erklärungen – das alles können Sie überhaupt nicht brauchen, und Ihre Kunden auch nicht.

Und wenn sich herausstellt, dass Ihr Projekt von Pain Points nur so wimmelt? Dann betrachten Sie es noch mal ganz nüchtern. Kann das wirklich Ihr eines Ding sein? Suchen Sie nach neuen Lösungen, Alternativen und Erleichterungen. Es muss auch einfach gehen, sonst geht es einfach nicht.

DIE SACHE MIT DEM SINN

Und schließlich: Das Projekt muss sinnvoll sein. Es muss zu Ihren Lebensprinzipien passen (haben Sie darüber eigentlich schon mal nachgedacht?). Es muss zu Ihrer Familiensituation passen, denn wenn Ihre Familie die Sache nicht mitträgt, wird alles sehr bald sehr schwierig. Sie müssen so sehr dafür brennen, dass es Sie langfristig glücklich macht. Und dafür muss es, neben dem eigentlichen Inhalt, ein paar Kriterien erfüllen:
1. Es muss das Risiko wert sein.
2. Es muss zu Ihnen, Ihren Freunden, Ihrer Familie passen.
3. Es muss Ihnen Zeit lassen. Zeit, auch mal glücklich zu sein.

»Tu, was du liebst, dann kommt das Geld hinterher.« Marsha Sinetar

ECHT NEU

Ein neues Konzept muss in Kopf und Bauch rundum abgeklopft werden. Dabei stellen sich viele Fragen:

- Ist es so einfach, dass es sich selbst erklärt?
- Gibt es bei Ihnen vor Ort einen Markt dafür?
- Hat es Potenzial für Wachstum?
- Wie lange kann es einzigartig bleiben, wie schnell wird es nachgeahmt werden?
- Ist es klar erkennbar?
- Ist es innovativ?

Innovation ist ein heikler Punkt. Man kann sich ja immer fragen: Warum ist noch keiner vor mir darauf gekommen? Ist das womöglich ein Hinweis darauf, dass es nicht funktioniert? Aber Innovation ist unsere unternehmerische Antwort auf Veränderungen. Und Veränderungen finden statt, immer schneller und immer mehr, ob wir uns daran beteiligen oder nicht.

Also ran an sinnvolle Innovationen! Bleiben Sie offen in Ihrem Denken, lassen Sie sich nicht von Grenzen einschränken, nehmen Sie immer mal wieder einen neuen, fremden Standpunkt ein. Seien Sie neugierig und spielerisch. Aber lassen Sie sich von der heutigen Informationsflut auch nicht vom Weg abbringen. Bleiben Sie fokussiert, wenn Sie meinen, auf der richtigen Spur zu sein.

>> Schicke das Kind, das du liebst, auf Reisen. << Japanisches Sprichwort

Beziehen Sie andere Menschen in Ihre Gedankenspiele mit ein. Nutzen Sie Freundschaften und Netzwerke zum Austausch, zur gegenseitigen Bereicherung und zur Beschleunigung des Prozesses – denn niemand ist allein so schlau wie wir alle zusammen. Stellen Sie alles in Frage. Wer richtig fragt, erfährt alles.

>> Ich habe keine besondere Begabung, sondern bin nur leidenschaftlich neugierig. << Albert Einstein

Und trauen Sie sich, nicht nur innovativ zu sein, sondern auf eine freundliche Weise disruptiv. Vielleicht müssen Sie an irgendeiner Stelle wirklich komplett neu anfangen, auch ohne den Markt dafür schon vorzufinden. Der große Autobauer Henry Ford hat einmal gesagt, wenn er seine Kunden gefragt hätte, dann hätten sie von ihm nicht mehr verlangt oder erwartet als schnellere Pferdekutschen. Der Umstieg auf Autos musste zunächst in seinem Kopf stattfinden, bevor er in den Köpfen seiner Kunden stattfinden konnte.

» Phantasie ist wichtiger als Wissen, denn Wissen ist begrenzt. « Albert Einstein

DISRUPTION – ABER RICHTIG

Den Begriff der Disruption muss man vielleicht ein bisschen genauer anschauen. Der Theoretiker Clayton M. Christensen hat sich intensiv mit disruptiven Innovationen beschäftigt. »Disruptiv« kommt aus dem Englischen und bedeutet »störende Unterbrechung«. Klingt nicht besonders positiv, kann es aber sein, je nachdem, welche Perspektive man einnimmt.

Disruptive Innovationen ersetzen die Erfolgsserie eines bereits bestehenden Produkts, einer bereits existierenden Technologie oder Dienstleistung, bis hin dazu, dass sie das bisherige Produkt komplett vom Markt verdrängen. Sehr häufig ist eine solche Disruption die Strategie eines »Zwergs« am Markt, um große und etablierte Unternehmen herauszufordern.

Disruptive Entwicklungen sind eigentlich immer radikal. Sie gefährden regelmäßig die Marktführerschaft etablierter Firmen. Das bekannteste Beispiel dafür ist Kodak, einst Marktführer im Bereich der Fotografie und dort vor allem bei Kleinbildfilmen. Dann kam eine Neuentwicklung: die Digitalfotografie. Sie fand sogar im Hause Kodak statt, denn bereits in den Siebzigerjahren entwickelte der Ingenieur Steven Sasson den ersten Prototyp einer Digitalkamera. Deren Potenzial wurde bei Kodak aber nicht erkannt. Man wollte den bisherigen Markt nicht verlieren – und hat am Ende alles verloren. Als Anfang der Neunzigerjahre die Digitalfotografie serienreif war und ihren Siegeszug antrat, hatten andere Firmen die Nase vorn. Von Kodak-Filmen spricht heute niemand mehr. Das Unternehmen hat nur überlebt, weil es sich neue Blue Oceans erschlossen hat, abseits der klassischen Fotografie.

Für solche radikalen Neuentwicklungen gibt es in der Regel noch gar keinen Markt. Doch genau das könnte Ihre Chance sein. Erschließen Sie sich einen neuen Markt, möglicherweise mit einem neuen Team. Beziehen Sie in solche Entwicklungen am besten auch gleich neue Arbeitsweisen ein, die derzeit überall entwickelt werden.

INNOVATION IM TEAM – EINIGE REGELN

◐ Es geht nicht ohne Regeln. Arbeit im Team funktioniert nur, wenn es Regeln gibt.

◑ Innovation erfordert Disziplin und Führung. Spaß und Brainstorm sind Teil der ersten Schritte, aber die nächsten Schritte müssen organisiert werden.

◑ In der Kreativ- und Experimentierphase ist eine höhere Fehlertoleranz okay, nicht aber Inkompetenz, Schlamperei und Disziplinlosigkeit. Es gibt ja ein Ziel, und das sollte niemand aus den Augen verlieren.

◑ Sie müssen ein (zeitliches, räumliches, inhaltliches) Umfeld schaffen, in dem kreativ und offen gearbeitet werden kann und das auch die Mitarbeiter schützt. Wer Neues entwickelt, sollte von einem Übermaß an »klassischen Aufgaben« entlastet werden. Vielleicht braucht ein solches Team auch tatsächlich eine andere räumliche Umgebung.

◑ Sorgen Sie im Team dafür, dass alle gehört und wertgeschätzt werden. Das gilt auch für die Introvertierten und die Nicht-Alphas.

◐ Verwechseln Sie Kooperation nicht mit Konsens. Schnelle Einigungen sind oft nicht die Lösung. Wirklich neue Themen, neue Richtungen, Disruptionen sind oft komplex und müssen gründlich bis zum Ende durchdacht werden. Dazu brauchen Sie und alle Beteiligten Offenheit in einem sicheren Umfeld.

◑ Pionier- und Innovationsgeist brauchen Unterstützung, aber auch Grenzen. Die Zielorientierung muss erhalten bleiben.

◑ Und wenn sich neue Möglichkeiten ergeben: Vielleicht müssen Sie dann die Ziele erweitern, ändern oder aufstocken.

DIE VISION,
DIE ALLE
BEGEISTERT

Sie haben »Ihr eines Ding« gefunden? Dann werden Sie sich im nächsten Schritt damit beschäftigen müssen, andere dafür zu begeistern. Und dazu brauchen Sie eine Vision, die kommunizierbar ist und andere mitreißt. Das ist der Prüfstand für Sie und Ihr Konzept. Hier zeigt sich, ob Ihre Idee trägt. Neue Fragen kommen auf Sie zu:

1. Ist die Vision einzigartig, hat sie ein klares Profil?

2. Gibt es einen zukunftsorientierten Markt?

3. Ist es eine Vision, die zu mir passt?
Hat sie meine ganze Leidenschaft?

4. Ist sie einfach?

5. Sind Menschen bereit, mir freudig zu folgen?

WAS IST EIGENTLICH EINE VISION?

Es gibt viele Definitionen für eine Vision, aber letztlich handelt es sich im Unternehmensbereich um die klare, einfache Formulierung einer Strategie oder des strategischen Zieles. Was will das Unternehmen in Zukunft erreichen? Eine Zukunftsvision für ein Unternehmen ist also ein Unternehmensleitbild, das Mitarbeitern und später auch Kunden die Orientierung erleichtert und Ihnen hilft, sich von anderen abzuheben und die emotionale Bindung zum Unternehmen zu erhöhen.

DIE **VISION** WEITERDENKEN

Um mit Ihrer Vision Menschen zu begeistern, brauchen Sie zunächst einmal Klarheit. Denn ganz ehrlich: Wenn Sie sie nicht klar kommunizieren können, wie sollen andere Ihnen dann folgen? Machen Sie sich bewusst und kommunizieren Sie, wer Sie sind, wohin Sie wollen und wer Sie auf Ihrem Weg begleiten soll. Nur wenn Sie das mit Leidenschaft tun können, sind Sie auf der richtigen Spur.

>> Wenn man in eine Idee nicht reinkommt – muss man raus. << Olivia, 7 Jahre

Kommunizieren Sie Ihre Vision im Team und im Privatbereich. Was ist der Plan? Wohin will ich mit meiner Organisation, meinem Projekt? Welche Strategie habe ich im Sinn? Was habe ich von anderen (weltweit!) gelernt?

Und vor allem: Für welche Werte stehe ich? Schon bei den ersten Schritten zur Entwicklung und Verwirklichung Ihrer Vision muss Ihre Idee eines menschenzentrierten Unternehmens mit bedacht werden. Sie müssen von Anfang an für sich und andere klären, wie Sie Führung denken, wie das Leitbild Ihrer gesamten Unternehmenskultur aussehen soll.

Nach der Anfangsphase muss die Vision immer mit den Mitarbeitern weiterentwickelt werden. Leider entstehen manche Visionen im stillen Kämmerlein des Unternehmers oder bei einer Marketingagentur – so nimmt man keine Mitarbeiter mit.

Lassen Sie sich bei alldem nicht dazu verleiten, erst mal »irgendwo« anzufangen. Das Sprichwort »Der Weg ist das Ziel« ist hübsch, gilt aber nicht für ein Unternehmensprojekt. Mein Gegensprichwort lautet:

Ohne Ziel ist auch der Weg egal.

Oder positiv gewendet: Je klarer die Vision im Hinblick auf Ziele und Richtung, desto besser können Sie sie visualisieren und kommunizieren. Und was Sie gut visualisieren und kommunizieren können, bestimmt in hohem Maße Ihre Zukunft und Ihren Weg.

Die Grundlinien einer solchen Vision auf ein freundliches Unternehmen hin lassen sich leicht festlegen: Es wird für seine Gäste Möglichkeiten bereitstellen und sich um sie kümmern. Es wird für seine Mitarbeitenden Möglichkeiten bereitstellen und sich um sie kümmern. Es wird in Möglichkeiten investieren und eine motivierende Umgebung schaffen. Es wird alle Beteiligten auf gemeinsame Ziele hin ausrichten und verpflichten.

KREATIVTECHNIKEN GUT NUTZEN

Sehr hilfreich bei der Visualisierung von Ideen sind Kreativtechniken, wie sie heute sehr häufig benutzt werden. Mindmapping, Design Thinking, Business Canvas … Es gibt so viele, dass sicher jeder das Passende für sich findet. Zwei von ihnen – Mindmapping und Business Canvas – will ich hier kurz vorstellen, weil ich glaube, dass solche Techniken helfen, Potenziale freizusetzen und den Kopf frei zu machen für das, was am Ende wirklich zählt: der direkte, freundliche Umgang mit sich selbst und anderen Menschen.

MINDMAPPING

Ich selbst arbeite praktisch ausschließlich mit der Technik des Mindmapping. Seit Jahren gibt es kein Konzept, keinen Vortrag und kein Consulting, das ich nicht als Mindmap vorbereitet hätte.

Mindmapping ist eine Methode, Gedanken ähnlich natürlich zu ordnen, wie es das Gehirn tut. Wörtlich könnte man »Mindmap« mit »Gedankenlandkarte« übersetzen. Die Technik soll helfen, über Assoziationen die Gedanken frei zu entfalten. Erfunden wurde sie von dem britischen Psychologen Tony Buzan, der schon Anfang der Siebzigerjahre mithilfe dieser Technik an seinem Buch »An Encyclopedia of the Brain« arbeitete. Ende der Neunzigerjahre stellte er die Technik dann in einem eigenen Buch vor. Seitdem hilft sie unzähligen Menschen, komplexe Zusammenhänge einfach, prägnant und klar darzustellen und kreativ zu sein.

Der große Vorteil der Mindmap: Sie hilft dabei, klare Gedanken zu fassen und die Ideen zu ordnen. So wird sie zu einem vorzüglichen Instrument, um dem Gedankenchaos Abhilfe zu schaffen. Dabei nutzt das Mindmapping durch seine klare, bildliche Darstellung beide Gehirnhälften. Anstatt, wie in der Schule gelernt, in »Listen« zu denken, gibt Tony Buzans Methode den Gedanken Raum in alle Richtungen und fördert das »radiale Denken«.

Mit Mindmaps können Sie einer kreativen Sammlung von Einfällen eine erste Ordnung geben, Besprechungen mitschreiben, Veranstaltungen planen und natürlich auch ganze Konzepte erstellen.

Mindmaps erleichtern Ihnen also das kreative Denken. Durch die Offenheit und die gehirngerechte Visualisierung kommen Sie viel schneller zu neuen Ideen. Insbesondere das Querdenken, das sogenannte laterale Denken, wird gefördert. Und das brauchen Sie für ein Konzept, für Ihr Projekt, ebenso wie für Ihr Alltagsmanagement.

So eine Mindmap wird nach bestimmten Regeln erstellt und gelesen. In der Mitte wird das Hauptthema formuliert, davon ausgehend führen Linien wie die Äste eines Baumes zu den Unterthemen, Gedanken und Aspekten. Letztlich ist eine Mindmap eine Art »Baumdiagramm«, bei der vom Stamm erst dicke Äste und dann immer dünnere, detailliertere Zweige ausgehen. Zu jedem der Äste gehört ein Schlüsselwort, und von dort aus verzweigt sich die Mindmap weiter. So werden Gedanken und Informationen ranggerecht dargestellt. Überall können Einfälle ergänzt und Neues hinzugefügt werden. Das kann man mit der Hand auf Papier machen, aber inzwischen gibt es auch jede Menge Software, um Mind Maps am Computer oder Tablet zu erstellen.

Ich beschreibe Ihnen im Folgenden die wichtigsten Regeln, mit denen Sie, wenn Sie wollen, sofort loslegen können. Sie brauchen dazu nur Papier und einen bzw. mehrere farbige Stifte. Sollten Sie die Methode intensiv nutzen wollen, denken Sie über eine komfortable App oder Computeranwendung nach. Probieren Sie es einfach einmal aus. Es macht Spaß und kann Ihre Arbeit revolutionieren. Wenn Sie sich weiter informieren möchten, empfehle ich Ihnen den Buchklassiker »Mind Mapping und Gedächtnistraining« von Ingemar Svanteson. Es ist zwar von 1995, liest sich aber immer noch hervorragend. Dort finden Sie alles, was Sie wissen möchten, ohne Ballast und in leicht lesbarer Form, während die Bücher von Tony Buzan sehr komplex und eher etwas für fortgeschrittene »Mindmapper« sind.

Mindmaps eignen sich natürlich auch hervorragend zur Teamarbeit. Nehmen Sie dafür ein Flipchart oder Whiteboard. Mit Mindmaps können Sie komplexe Projekte planen, Ihren Wochenplan machen oder eine umfangreiche Einkaufsliste nach Stationen ordnen. Probieren Sie einfach aus, ob Sie mit diesem Instrument zurechtkommen, und testen Sie, wo es Ihnen die Arbeit erleichtern kann.

Übrigens: Auch dieses Buch ist mithilfe einer Mindmap konzipiert und erarbeitet worden.

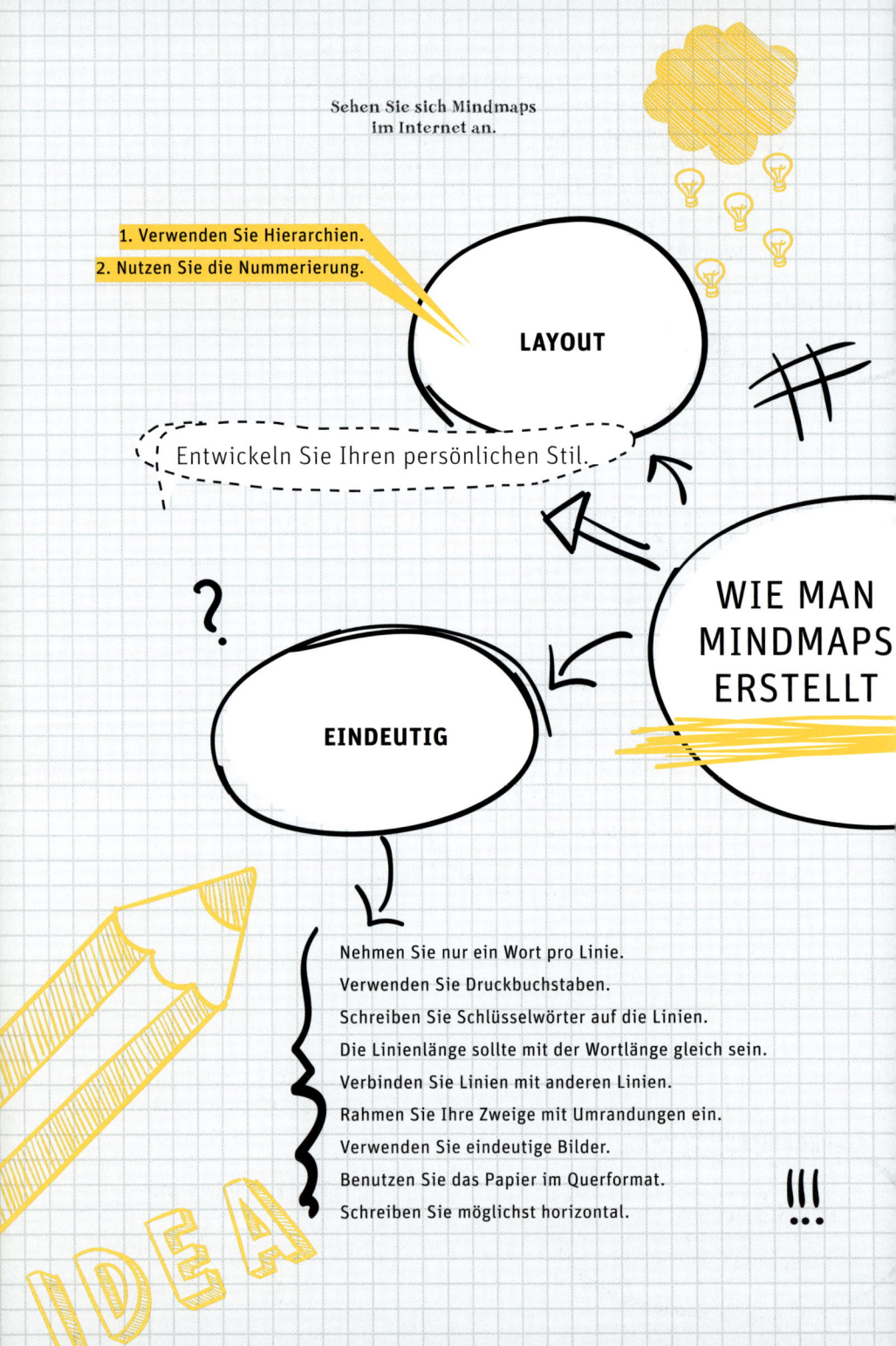

Sehen Sie sich Mindmaps
im Internet an.

1. Verwenden Sie Hierarchien.
2. Nutzen Sie die Nummerierung.

LAYOUT

Entwickeln Sie Ihren persönlichen Stil.

WIE MAN MINDMAPS ERSTELLT

?

EINDEUTIG

Nehmen Sie nur ein Wort pro Linie.

Verwenden Sie Druckbuchstaben.

Schreiben Sie Schlüsselwörter auf die Linien.

Die Linienlänge sollte mit der Wortlänge gleich sein.

Verbinden Sie Linien mit anderen Linien.

Rahmen Sie Ihre Zweige mit Umrandungen ein.

Verwenden Sie eindeutige Bilder.

Benutzen Sie das Papier im Querformat.

Schreiben Sie möglichst horizontal.

IDEA

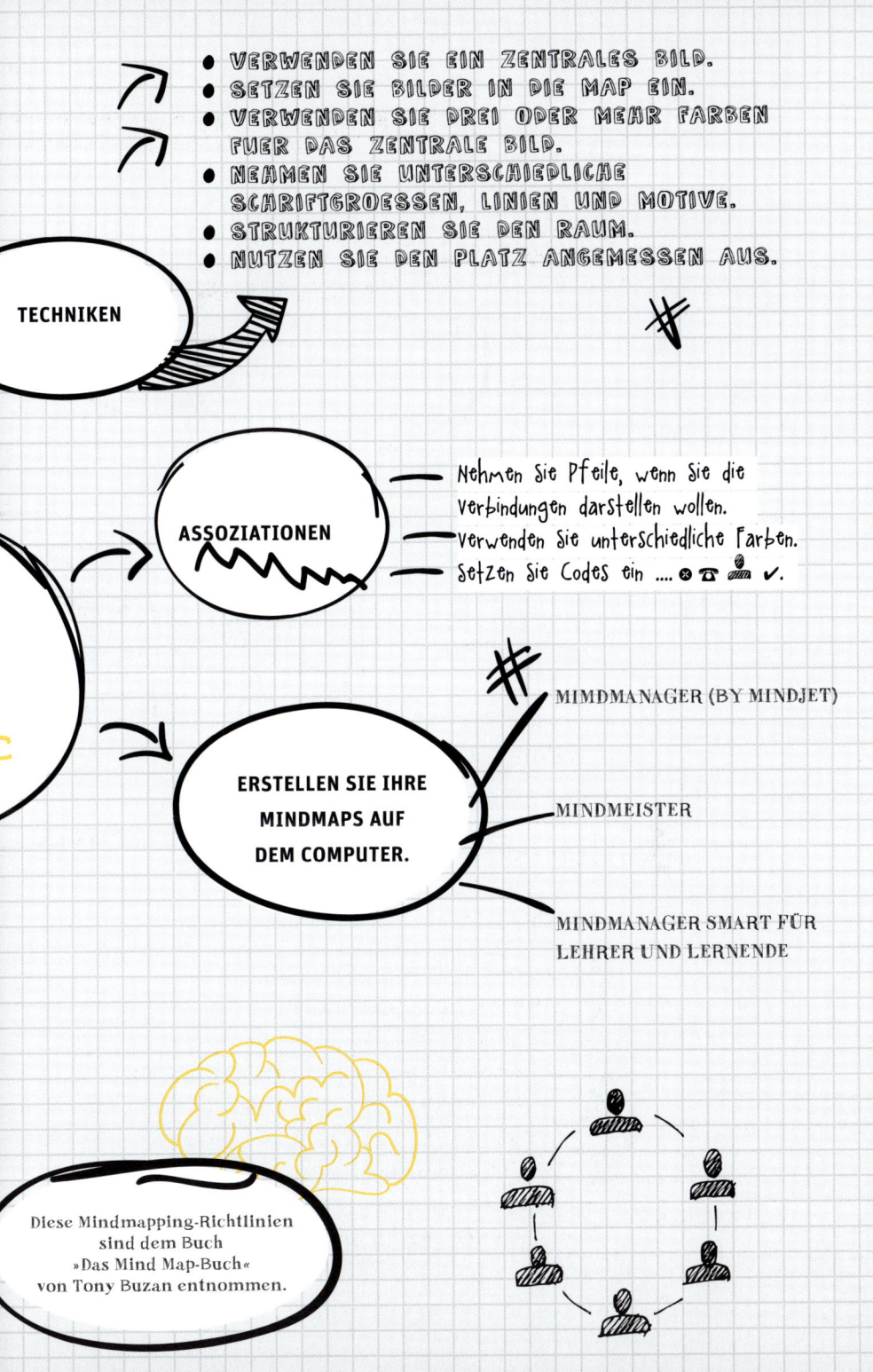

- VERWENDEN SIE EIN ZENTRALES BILD.
- SETZEN SIE BILDER IN DIE MAP EIN.
- VERWENDEN SIE DREI ODER MEHR FARBEN FUER DAS ZENTRALE BILD.
- NEHMEN SIE UNTERSCHIEDLICHE SCHRIFTGROESSEN, LINIEN UND MOTIVE.
- STRUKTURIEREN SIE DEN RAUM.
- NUTZEN SIE DEN PLATZ ANGEMESSEN AUS.

TECHNIKEN

ASSOZIATIONEN

Nehmen Sie Pfeile, wenn Sie die Verbindungen darstellen wollen.
Verwenden Sie unterschiedliche Farben.
Setzen Sie Codes ein .... ✆ ✓.

ERSTELLEN SIE IHRE MINDMAPS AUF DEM COMPUTER.

MIMDMANAGER (BY MINDJET)

MINDMEISTER

MINDMANAGER SMART FÜR LEHRER UND LERNENDE

Diese Mindmapping-Richtlinien sind dem Buch »Das Mind Map-Buch« von Tony Buzan entnommen.

BUSINESS MODEL CANVAS

Das Business Model Canvas oder kurz Business Canvas beruht auf einem visuellen Chart mit Elementen, die USP's, Infrastruktur, Zielgruppen und finanzielle Rahmenbedingungen eines Projekts oder Produkts beschreiben. Es stammt von Alexander Osterwalder, wurde 2008 veröffentlicht und seitdem weiterentwickelt. Die Templates kann man im Internet finden und sich dort herunterladen. Das Chart (nächste Seite) enthält neun Bausteine (plus eins):

◑ KEY PARTNERS (Schlüsselpartner) umfasst Partner, Lieferanten, Personen und Organisationen im Umfeld.

◑ KEY ACTIVITIES (Schlüsselaktivitäten) umfasst die Aktivitäten, die unerlässlich sind, um das Projekt mit Leben zu erfüllen, aber auch Vertriebskanäle, Kundenbeziehungen und so weiter.

◑ KEY RESOURCES (Schlüsselressourcen) umfasst die nötigen Ressourcen. Hier spielen die Beziehungen zu Partnern und Kunden ebenfalls mit hinein.

◑ VALUE PROPOSITIONS (Werte, die wir liefern): Welchen Wert stellt unsere Leistung für den Kunden dar? Welche seiner Probleme können wir lösen? Welche Waren und Dienstleistungen liefern wir unseren einzelnen Zielgruppen? Welche Kundenwünsche und -bedürfnisse befriedigen wir?

◑ CUSTOMER RELATIONSHIPS (Kundenbeziehungen): Welche Beziehung zu uns erwarten unsere Zielgruppen? Welche dieser Beziehungen haben wir bereits etabliert? Wie integrieren sie sich in unser Geschäftsmodell? Wie teuer sind sie?

◑ CHANNELS (Kanäle): Auf welchen Wegen erreichen wir unsere Kunden? Welche Kanäle nutzen wir? Mit welchem Erfolg? Welche sind besonders kosteneffizient?

◑ CUSTOMER SEGMENTS (Zielgruppen): Wer sind unsere Kunden? Welche davon sind besonders wichtig?

◑ COST STRUCTURE (Kostenstruktur): Welche Kosten spielen eine besonders große Rolle in unserem Geschäftsmodell? Welche Ressourcen sind besonders teuer? Welche Aktivitäten sind besonders teuer?

◑ REVENUE STREAMS (Zahlungsströme): Für welche Werte sind unsere Kunden bereit, Geld auszugeben? Wofür bezahlen sie derzeit? Wie bezahlen sie derzeit? Was würden unsere Kunden daran gern ändern? Welche Zahlungsströme tragen wie viel zum Gesamtergebnis bei?

◑ Das Canvas sollte unbedingt durch Gedanken an den SINN oder ein eigenes Feld dazu ergänzt werden.

Das visuelle Chart kann auf großen Flächen angewandt werden, sodass ganze Personengruppen gemeinsam daran arbeiten können, mit Post-it-Zetteln oder einfach durch Schreiben mit dicken Markern. Dieses praktische Hilfsmittel fördert die Diskussionsfähigkeit von Gruppen und die Kreativität. Es wird als Creative-Commons-Lizenz vertrieben und kann ohne Einschränkungen genutzt werden. Es ist auch als Software erhältlich.

DESIGN THINKING

Design Thinking ist eine weitere Technik oder besser gesagt ein Ansatz, der die Bereiche Team, Raum und Prozess in den Blick nimmt. Dieser Ansatz geht von der Annahme aus, dass Probleme leichter gelöst werden können, wenn Menschen aus unterschiedlichen Bereichen in einem förderlichen Umfeld zusammenarbeiten. Dabei sollen die Bedürfnisse und Motivationen von Menschen berücksichtigt werden. Konzepte, Ideen, Visionen, die auf diese Weise entstehen, werden dann mehrfach abgeprüft. Ein besonderer Pluspunkt des Design Thinking ist die starke Benutzerorientierung – und schon haben wir wieder das Thema Menschenzentriertheit – und die Tatsache, dass sie dabei Bedürfnisse entdeckt, die dem Nutzer noch gar nicht bewusst sind. So wird proaktives »Sich-Kümmern« möglich.

Der Name »Design Thinking« kommt daher, weil die ganze Herangehensweise der Arbeitsweise von Designern ähnelt: Sie berücksichtigt Verstehen, Beobachtung, Ideenfindung, Verfeinerung, Ausführung und Lernen. Entstanden ist diese Methode in der Design- und Innovationsagentur IDEO, deren Gründer T. Winograd, L. Leifer und D. Kelley sie entwickelt haben und bis heute vertreten.

Sie wollen sich näher mit Design Thinking beschäftigen: Im Netz finden Sie sehr viele Informationen und Anregungen dazu.

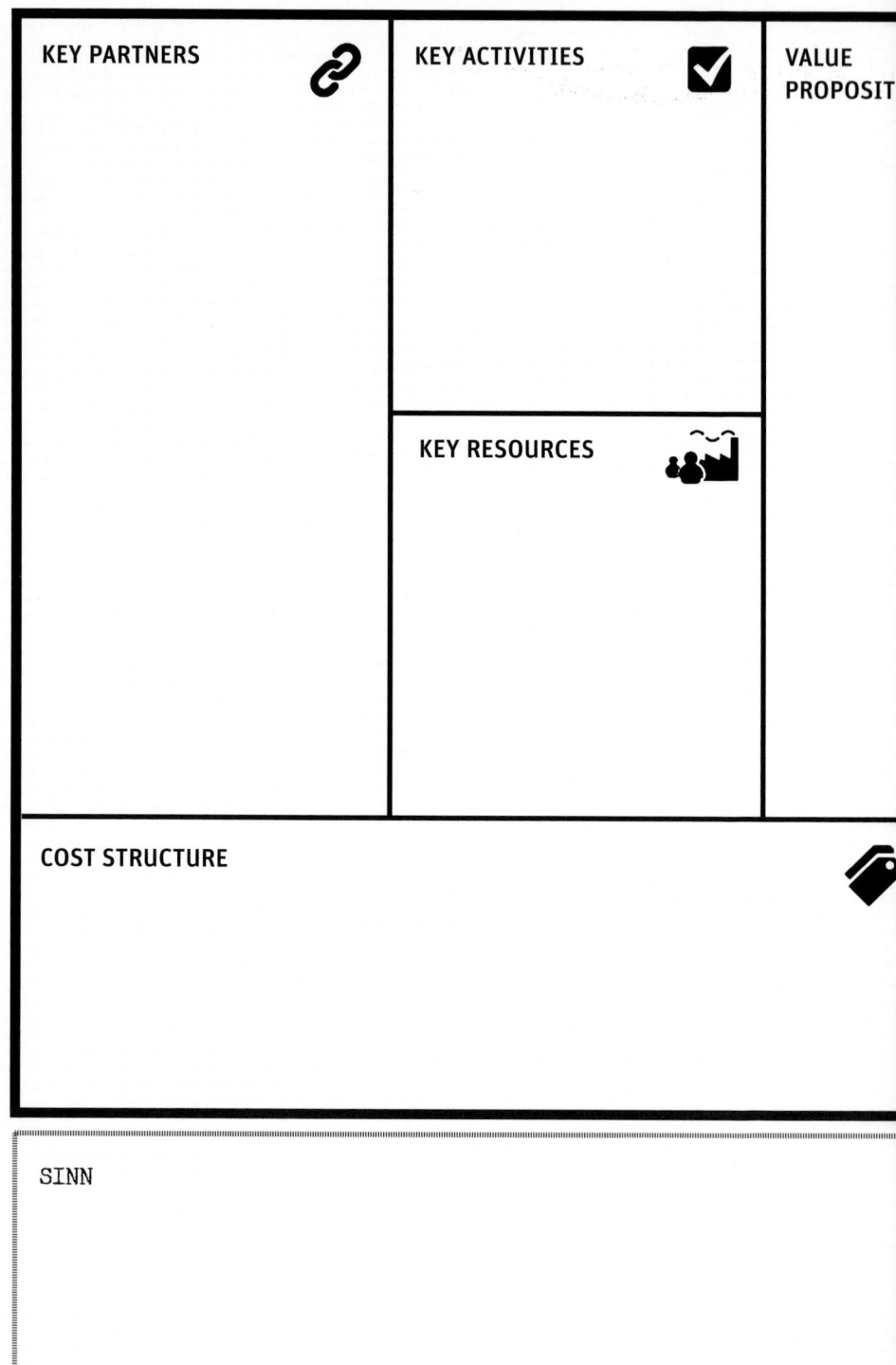

KEY PARTNERS

KEY ACTIVITIES

VALUE PROPOSIT

KEY RESOURCES

COST STRUCTURE

SINN

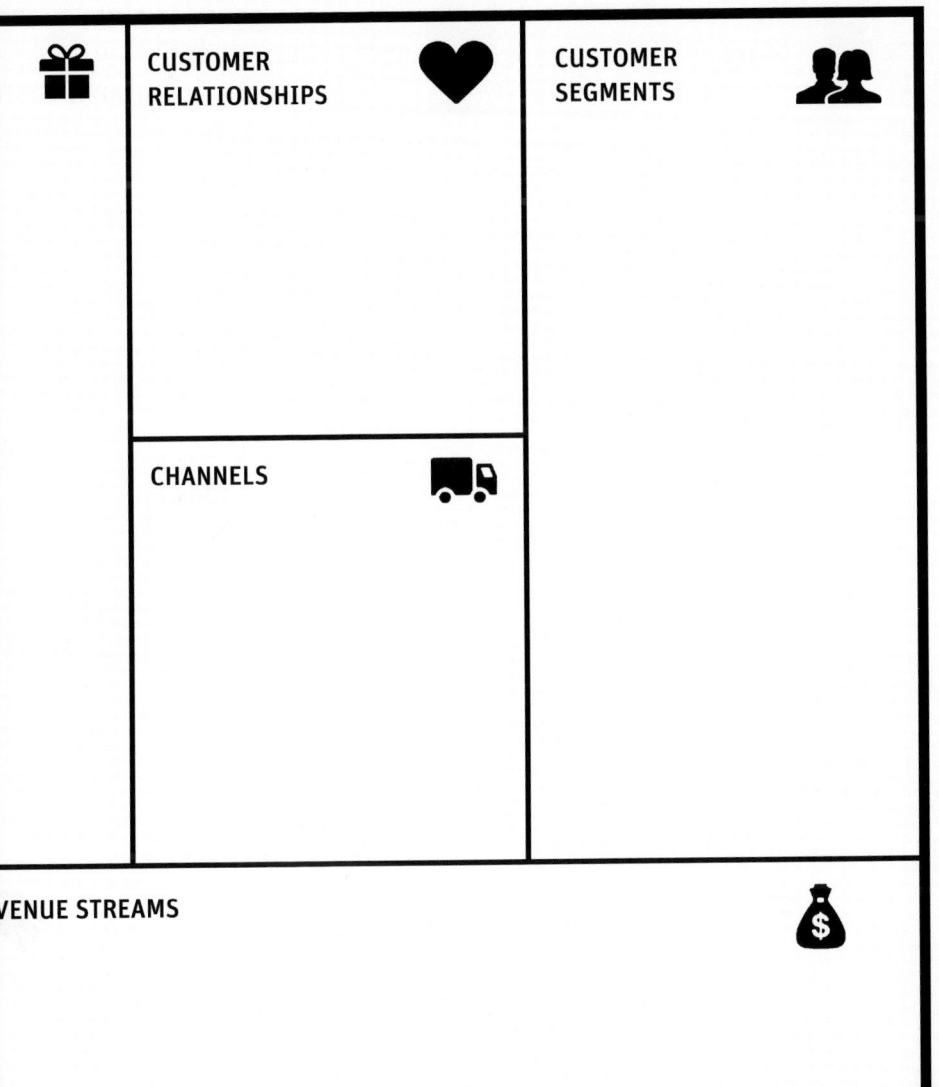

CUSTOMER RELATIONSHIPS

CUSTOMER SEGMENTS

CHANNELS

VENUE STREAMS

Mindmapping ist für fast alle Arten von Skizzierungen, Brainstorming etc. zu verwenden. Modell Canvasist ideal für Startups oder neue Projekte, sowohl für eine Person als auch für kleine Gruppen. Design Thinking eignet sich für die Weiterentwicklung und Ideenfindung in größeren Teams und zu komplexeren Projekten.

SIE MÜSSEN ALLES ÜBER IHR PROJEKT WISSEN

Sie haben das Gefühl, Ihre Vision gefunden zu haben? Großartig. Der nächste Schritt ist Fleiß- und Forschungsarbeit. Sie müssen alles über Ihr Konzept wissen. Recherche ist angesagt. Gehen Sie auf Tour, schauen Sie sich andere Unternehmen an. In Ihrer Stadt, in Ihrer Region, Ihrem Land – aber auch da draußen in der bunten weiten Welt. Nicht ohne Grund sind meine Trendreisen in mehr als dreißig Metropolen weltweit so beliebt. Führungskräfte aus dem gesamten Bereich der Hospitality- und Lifestyle-Branche erkunden auf diesen Reisen mit mir die neuesten Trends, um bei Innovationen in Ihren Betrieben die Nase vorn zu haben. Diese Reisen organisiere ich schon seit vielen Jahren – mit großem Erfolg und mit größtem Gewinn für meine Kunden. Es ist erstaunlich, was man in anderen Ländern, auf anderen Kontinenten alles findet, wenn man die Augen offen hält. Und das gilt nicht nur für neue Produkte, das gilt auch für Trends in den Bereichen Menschenführung, Service, Gästekommunikation, Design ... Die Liste ließe sich endlos fortsetzen.

Sprechen Sie mit anderen über Ihre Vision: mit Branchenkollegen, Beratern, Experten, Mitarbeitern, die Sie mitnehmen wollen, aber auch mit Menschen aus Ihrem privaten Umfeld, die womöglich (hoffentlich!) gar nichts mit Ihrem Beruf zu tun haben. Fragen Sie sie, was sie von den Ideen halten. Aber verraten Sie nicht zu viel. Es wäre nicht das erste Mal, dass eine Idee geklaut wird. Bis zu dem Moment, wo die Vision oder das Projekt »reif« ist, sollten Sie sich in den wesentlichen Aspekten eine gewisse Verschwiegenheit angewöhnen. Sie werden selbst die richtige Balance zwischen Vernetzung und gesunder Vorsicht finden müssen.

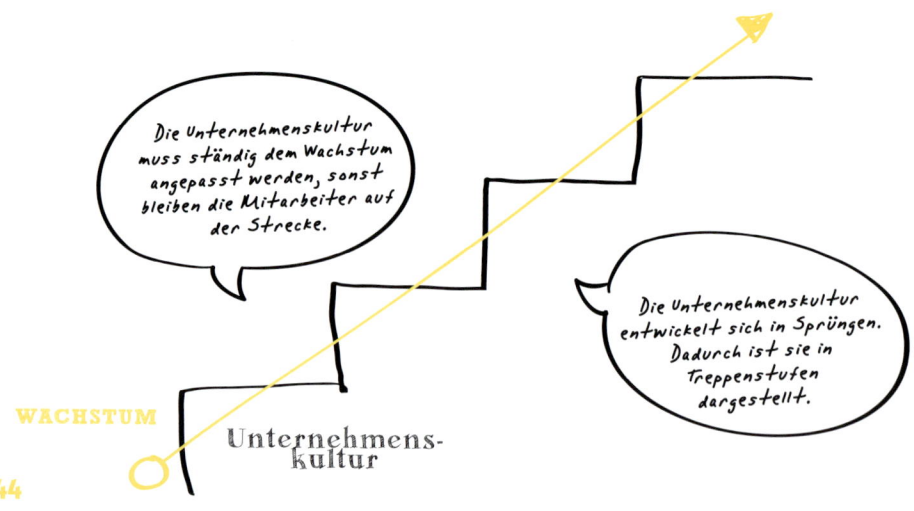

WEITERDENKEN

Im nächsten Schritt sollten Sie weit über Ihre ursprüngliche Idee hinaus-
denken. Groß denken ist wichtig! Ihr kleiner erster Plan kann nämlich Teil
eines sehr großen Plans sein, der sich auf einmal vor Ihrem inneren Auge
auftut. Wenn es so ist: Glückwunsch! Steigen Sie ruhig darauf ein und passen Sie Ihre Strategie an den wachsenden Plan an.

Versuchen Sie dabei, positiv zu denken und sich von Sorgen und Bedenken nicht die gute Laune verderben und die Zuversicht rauben zu lassen. Sie
sind in diesem Stadium mitten in einem fantastischen Prozess, in dem Sie
noch gar nichts falsch machen können. Staunen Sie, genießen Sie, strecken
Sie sich auch ruhig mal nach den Sternen aus.

>> Lebe frei, und Schönheit
umgibt dich. Die Welt bringt dich immer
noch zum Staunen,
wenn du zu den Sternen blickst. <<

Bobby Vinton: Born free, gesungen von Frank Sinatra

Und schließlich: Setzen Sie Prioritäten. Langfristig, nachhaltig, menschen-
und werteorientiert soll Ihr Konzept sein. Das ist das Geländer, an dem Sie
»entlangdenken« können. Was Sie davon abbringt, lassen Sie beiseite.

ALLE BETEILIGTEN MITDENKEN LASSEN

Wenn Ihre Vision Gestalt annimmt, holen Sie sich die Unterstützung aller
Beteiligten dazu. Beteiligte sind zukünftige Mitarbeiter, Geschäftspartner,
Teampartner, Shareholder, Investoren, Vermieter, Stakeholder und so weiter,
aber auch Freunde, Familie – eben alle, die von dem Projekt in irgendeiner
Weise betroffen sind. Dabei stellt sich natürlich auch gleich die Frage: Wel-
chen Nutzen haben diese Beteiligten von dem Projekt?

Achten Sie in Ihrer gesamten Kommunikation Ihrer Vision darauf, ob
sie freundliche Resonanz findet. Nicht alle müssen gleich restlos begeistert
sein, aber freundliches Interesse sollten die unmittelbar Beteiligten schon

zeigen. Wenn das nicht der Fall ist: Fragen Sie nach, versuchen Sie herauszu-finden, was stört. Daraus erfahren Sie viel über die Schwächen und Stärken Ihrer Vision.

Sehr hilfreich ist für die Kommunikation immer eine gute Story. Wenn Sie etwas zu erzählen haben, was die Kommunikation Ihrer Vision und Ih-res Projekts stützt, nutzen Sie diese Story und erzählen Sie sie, wann immer es passt. Gute Storys faszinieren Menschen, schaffen eine emotionale Basis und sorgen dafür, dass man sich Dinge merkt. Mithilfe einer guten Story können andere Menschen Ihrer Vision und Ihrem Projekt viel besser folgen. Ein Beispiel gefällig?

Wie ich zu meinem Beruf als Redner und Berater gekommen bin

Ich habe früh festgestellt, dass es mir Spaß macht, vor Menschen zu reden. Für mich ist klar: Die Fähigkeit, mit einer positiven, freundlichen Ausstrahlung vor Menschen zu reden, ist der Schlüssel für jede Art von Motivation. Bei der Betreuung von Pro-jektteams, auch an Hochschulen, habe ich immer wieder Wert darauf gelegt, den Teilnehmern klarzumachen, dass sie bei einem Vortrag nicht nur das Fachliche »rüberbringen« müssen, sondern dass sie einen Teil ihrer Persönlichkeit einbringen. Das macht einen großen, wichtigen Teil der Überzeugungskraft und Wirkung aus.

Für mich fing das mit 24 Jahren an. Mein damaliger Chef Werner Rochau war anlässlich einer Filmpremiere verhindert. Die Veranstaltung sollte in Bonn stattfinden, es ging um eine kleinere dokumentarische Produktion mit dem Titel »Das ist Mexiko«. Bei der Premiere waren der mexikanische Botschafter, der deut-sche Landwirtschaftsminister und Hannelore Kohl, die Frau des Bundeskanzlers, anwesend. Unser General Manager Fred Sorg, den ich sehr bewundert habe, beauf-tragte mich plötzlich damit, das Publikum zu begrüßen und ihn vorzustellen: »Du musst mich vorstellen, sonst weiß ja gar keiner, wer ich bin.«

Es gab eine kurze Absprache zum Inhalt und dann eine Besprechung mit dem Protokollchef der Botschaft, der mir erklärte, wen ich eigens zu begrüßen hatte und wie die korrekten Anreden lauteten ... Exzellenz, Hoheit, Damen und Herren und so weiter. Auch die Reihenfolge war festgelegt und vor allen Dingen, wen ich auf gar keinen Fall vergessen durfte.

Ich war 24 Jahre alt, wurde während des Gesprächs mit dem Protokoll-chef immer blasser, und wusste, jetzt kam es drauf an. Dann habe ich mir – um

11 Uhr vormittags – einen Gin Tonic bestellt und an der Bar meine Rede vorbereitet. Als die Zeit gekommen war, ging ich mit heftigem Lampenfieber auf die Bühne. Als ich es geschafft hatte – fehlerlos, soweit ich das beurteilen konnte – war es ein großartiges Gefühl.

Von diesem Gefühl kommt man nicht wieder los. Dabei bin ich gleichzeitig introvertiert und extrovertiert, gehe gern auf Menschen zu, brauche aber auch Zeiten ganz für mich, um Kraft zu sammeln.

IMMER WIEDER ÜBERPRÜFEN

Eine Lehre aus dem Design Thinking, die sich aber auch mit gesundem Menschenverstand recht leicht nachvollziehen lässt: Überprüfen Sie Ihre Vision immer wieder. Hören Sie nicht auf, darüber nachzudenken, allein und mit anderen. Hier sind auch Außenseiter, Branchenfremde, Familienmitglieder wichtige Ansprechpartner. Diese Menschen sehen vielleicht Dinge, über die Sie hinwegschauen, weil sie Ihnen nach so viel intensiver Beschäftigung mit dem Thema selbstverständlich erscheinen. Doch in diesem Stadium ist überhaupt nichts selbstverständlich.

Apropos verständlich: Zum Überprüfen gehört auch die Frage, ob Ihre Vision für die Mitstreiter und Gäste verständlich ist. »Verständlich« ist am Ende dasselbe wie »einfach«. Wenn Sie zu viel erklären oder gar rechtfertigen müssen, ist Ihre Vision (noch) zu kompliziert. Dann sehen Sie zu, dass sie einfacher wird – bis sie Kollegen, Mitarbeitern und Kunden unmittelbar einleuchtet.

Ständige Verbesserung sollte in jedem Stadium Ihres Projekts ein Muss sein. Vor allem ständige Verbesserung mit Blick auf die Menschen, um die es geht. Wir werden im letzten Kapitel dieses Buchs noch auf das Thema »Immer besser werden«, auf gut japanisch: Kaizen, im Detail eingehen.

Aber jetzt geht es vor allem darum, verstanden zu werden. Können Sie Ihre Vision, Ihr Projekt, mit ganz einfachen Worten darstellen, sodass es wirklich jeder versteht? Auch Menschen, die mit Ihrem Beruf oder Geschäft nicht das Geringste zu tun haben? Auch Kinder und Jugendliche? Aus meiner Erfahrung weiß ich, dass sie manchmal Schwachstellen in unserer erwachsenen Kommunikation aufdecken, die wir sonst nie bemerken würden.

Aus der theoretischen Mathematik und Physik wissen wir, dass dort nicht nur nach irgendeiner Lösung gesucht wird, sondern immer nach einer möglichst einfachen Lösung. Das sollte hier auch die Marschrichtung sein. Beides muss stimmen. Es muss eine Lösung sein UND sie muss einfach sein.

»Einstellung beeinflusst Verhalten« Dieses Schild hängt in meinem Büro und erinnert das Team und mich täglich daran, was uns wichtig ist.« Björn Grimm, DER Küchencoach

DIE DURCHFÜHRUNG PLANEN UND ORGANISIEREN

Der letzte Prüfdurchgang wird sich dann mit der Frage beschäftigen müssen, ob Ihre Vision durchführbar ist. Denn jetzt wird es allmählich ernst. Machen, ermöglichen, implementieren, Rollout – nennen Sie es, wie Sie wollen. Wichtig ist, dass Sie die Durchführung gut planen. Aber dazu kommen wir etwas später. Bis dahin gilt schon mal eine Grundannahme: Wenn Sie eine klare Vision haben, wird sich Ihr Leben quasi automatisch in die richtige Richtung bewegen.

Für die Planung brauchen Sie Ziele. Die können sich immer wieder verändern, aber sie sollten festgelegt werden, relevant und messbar sein. Auch Zwischenziele sollten bereits in der Planung so detailliert wie möglich formuliert werden. Zum einen hilft das, Schwachstellen aufzudecken – der Teufel steckt bekanntlich immer im Detail. Zum anderen haben Sie so von vornherein machbare, kurzfristig erreichbare Ziele, die gefeiert werden können – auch mit dem Team oder mit Partnern. Denn feiern sollten Sie immer und alles, sobald es sich lohnt und lieber einmal zu oft als einmal zu selten. Menschen lieben es, Erfolg zu haben, ihn zu sehen und zu zeigen. All das erreichen Sie, wenn Sie sich und anderen machbare Zwischenziele setzen.

Für alle Ziele gilt allerdings: Sie sind kein Selbstzweck. Sie sollten immer dem großen Ganzen dienen und für alle Beteiligten erkennbar wichtig sein.

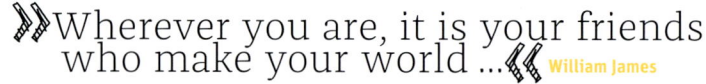

»Wherever you are, it is your friends who make your world …« William James

FANGEN
WIR MIT
IHNEN AN

Sie wollen ein Unternehmen führen, das die Menschen in den Mittelpunkt stellt. Sie wollen Ihr Projekt auf eine menschenfreundliche Weise realisieren. Sie wollen mit Freundlichkeit erfolgreich sein. Oder noch anders gesagt: Sie wollen Ihren Betrieb so organisieren und Ihre Leute so führen, dass sie die Freundlichkeit auch weitergeben können. Dafür brauchen Sie eine klare, aufrechte Haltung, die sich übrigens auch in Ihrer äußeren Erscheinung zeigt. Nicht ohne Grund sprechen wir auch von Körperhaltung. Oder noch einfacher gesagt: Sie müssen echt sein.

Aber »hat« man Haltung? Und kann man sie lernen? Letztlich geht es darum, dass Sie sich selber finden und sich treu bleiben. Das verlangt Entscheidungen von Ihnen, immer wieder und lebenslang. Es geht um Ihre ganz persönliche Einstellung zum Leben, um Ihre Werte, Ihren Moralkodex, Ihre Maßstäbe. Die müssen stimmen. Ihre Einstellung muss positiv sein, Sie brauchen ein ehrlich empfundenes positives Menschenbild. Und Sie brauchen ein ausgeprägtes Gefühl für Ethik: Selbstverständlich wollen Sie mit Ihrem Projekt erfolgreich sein und Geld verdienen. Aber nicht, indem Sie andere übervorteilen, über den Tisch ziehen, ihnen das Geld aus der Tasche ziehen. Sie bieten eine ehrliche Dienstleistung, die ihr Geld wert ist. Nicht mehr und nicht weniger.

So sieht die Einstellung aus, mit der Sie an Ihr Projekt herangehen. Und nur so können Sie es zum Erfolg führen. Fangen Sie bei sich ganz persönlich an und entwickeln Sie die richtige Haltung. Erst wenn die Grundeinstellung stimmt, können Sie zu den Einzelheiten Ihrer Planung übergehen.

Ein Mann mit Haltung

Mein Chef bei United Artists, Werner Rochau, war ein Pressemann alter Schule. Bei Treffen wurde gut gegessen, geraucht, relativ viel getrunken – und auch mal gesungen. Das Ganze verlief aber in sehr geregelten, gut erzogenen Bahnen. Mein Chef hatte untadelige Manieren, trug immer Sakko, Krawatte und passendes Einstecktuch, er war ein Grandseigneur, der aber eben auch kräftig feiern konnte. In unserer Abteilung wurde sehr viel gearbeitet, oft auch bis in den späten Abend. Freitags gingen wir am Mittag zu unserem Lieblingsitaliener Casa Nova, aßen und tranken, dann gab es eine letzte Besprechung im Chefbüro bei einem weiteren Glas Wein. Über viele dieser Bräuche ist die Zeit hinweggegangen. Aber eins ist mir geblieben: Werner Rochau erklärte stets, im Kühlschrank gäbe es ein sinnloses Fach – das sogenannte Eierfach. Er war der Ansicht, dieses Fach könne man sehr gut für Flaschenöffner und Korkenzieher nutzen. So wisse man immer, wo sie sich befänden, und das sei ja schließlich manchmal (über)lebenswichtig. Meine Frau hat sich gegen diese Verwendung des Kühlschrankfachs am Anfang etwas gesträubt, aber heute ist klar, auch für unsere Gäste, dort liegen die Öffner – nicht die Eier. Das hilft uns allen, nicht ständig in Schubladen nach diesen unerlässlichen Werkzeugen zu suchen. Jedes Mal, wenn ich die Kühlschranktür öffne, ist das auch eine Erinnerung an Werner Rochau.

Was Werner Rochau angeht, den ich immer als einen Mann mit Haltung erlebt habe, so erinnere ich mich an eine Szene im Hotel Frankfurter Hof. Wir hatten dort einen Pressetermin, leider in einem viel zu großen Saal. Es ging um die Premiere des Erfolgsfilms »La Boum – die Fete«. Der Nachwuchsstar Sophie Marceau war schon da. Wir warteten auf den Regisseur Claude Pinoteau und die Hauptdarstellerin Brigitte Fossey, die um 11 Uhr kommen sollten. Es gab Sekt und Kanapees, aber die Stars kamen nicht. Auch um 12 Uhr waren sie nicht da. Spätestens um halb eins war die Stimmung im Keller. Der Champagner war ausgetrunken oder warm geworden, die Kanapees gegessen. Die Topjournalisten hatten Anschlusstermine, allmählich waren alle ziemlich am Ende ihrer Geduld angekommen.

Dann ging die Tür auf. Brigitte Fossey kam herein. Man sah ihr an, dass sie selbst ziemlich genervt war. Am anderen Ende des Raums saß auf einer Fensterbank mein Chef. Er stand auf, kerzengerade, Körperspannung, schritt durch den leeren Raum, breitete nach der Hälfte des Weges die Arme aus und sagte: »Madame, wir sind so froh, dass Sie da sind. Wir haben alle auf Sie gewartet.«

Mit diesen zwei Sätzen war alles in Ordnung gebracht. Die Stimmung hellte sich sofort auf, die Anspannung löste sich auf. Mit dieser mutigen, großen Geste, die für ihn aber vollkommen normal war, hatte Werner Rochau die Situation gerettet.

Echt sein heißt übrigens auch, unverwechselbar sein. Aber das soll uns hier nicht so sehr beschäftigen. Hier geht es darum, dass Sie sich und Ihrem Produkt treu bleiben. Und Treue bedeutet – schon wieder so ein altmodisches Tugendwort – Disziplin.

> »Zeig mir einen Menschen, der nie einen Fehler gemacht hat, und ich zeige dir einen Menschen, der nicht viel erreicht hat.« **Joan Collins**

HALTUNG UND HOSPITALITY

Hospitality – Gastfreundschaft – ist die Basis einer menschenzentrierten Haltung. Sie bringt Werte ein, braucht Authentizität, überträgt sich auf andere und wird so zum »Selbstläufer«. Das kann in Ihrem Unternehmen so weit gehen, dass Sie gar nicht selbst anwesend sein müssen, weil sich Ihre Haltung auf Ihre Mitarbeiter übertragen hat und auf Ihre Gäste ausstrahlt. Ein schönes Ziel, und gar nicht so schwer zu erreichen.

HALTUNG BERUHT AUF EIGENER ENTSCHEIDUNG

Sie können Ihre Haltung jeden Tag neu wählen. Hilfe bei der Entscheidung leisten Ihnen Ihre Werte, Ihre Emotionen, Ihre Lebenserfahrung. Wenn Sie sich und Ihre Haltung gefunden haben, wird es leichter, echt zu sein und sich treu zu bleiben. Seien Sie dabei konsequent, bleiben Sie in der Spur.

Als Vorgesetzter, als Firmenchef, als Teamleiter, als Mensch, als Familienmitglied, als Kollege, unter Freunden: Wenn Sie eine klare Haltung zeigen, reißen Sie andere mit. Sicher nicht alle, aber doch diejenigen, die Sie für Ihr Projekt brauchen können. Nichts begeistert und überzeugt so sehr und so schnell wie eine klare, berechenbare und eindeutige Haltung. Und nichts strahlt so sehr auf andere Menschen aus. Das ist gut so: Die Menschen Ihres Umfelds sind der Spiegel Ihrer Haltung.

Zugegeben, damit übernehmen Sie auch Verantwortung – für sich selbst, für Ihre Haltung und für die anderen, die Sie so und nicht anders kennen. Und diese Verantwortung liegt bei Ihnen ganz allein. Der Lohn für einen konsequenten und verantwortungsvollen Umgang lässt aber nicht lange auf sich warten. Er heißt ganz einfach: Erfolg.

> **》Achte auf deine Gedanken, denn sie werden zu Worten. Achte auf deine Worte, denn sie werden zu Taten. Achte auf deine Taten, denn Sie werden zu Gewohnheiten, zu deinem Charakter, deinem Schicksal. Wir werden, was wir denken.《《**
>
> Sprichwort aus China

Das ist Last, Freude und Ansporn zugleich. Sie entscheiden selbst, wie freundlich Ihr Tag wird. Und nur Sie! Sie müssen eine Haltung entwickeln, bei der Sie mit dem Hier und Jetzt einverstanden sind. Der Psychologe und Coach Jens Corssen hat den wichtigen Kernsatz geprägt: »Wo ich bin, will ich sein. Alles andere war mir bis jetzt zu teuer.« Oder anders gesagt: Sie müssen mit Ihrem ganz persönlichen Hier und Jetzt einverstanden sein. Wenn Sie das nicht sind, müssen Sie entweder Ihre Einstellung zum Hier und Jetzt ändern – oder ein Hier und Jetzt formen, mit dem Sie einverstanden sind. Alles andere führt zu Unzufriedenheit und schlechter Laune. Vor allem aber verstellt es Ihnen den Weg zum Erfolg. Also: Sie sind da, wo Sie sein wollen. Hören Sie auf, sich immer zu wünschen, Sie wären woanders.

Mit der richtigen Haltung nähern Sie sich Ihrem Ziel, auch auf dem Weg der eigenen Weiterentwicklung. Denn höchstwahrscheinlich, nein: ziemlich sicher, werden Sie Ihre Haltung immer wieder einmal justieren müssen. Sie müssen selbst aktiv werden, sich selbst verändern. Wenn Sie darauf warten, dass sich die Dinge im Außen verändern, können Sie unter Umständen sehr, sehr lange warten.

ECHT BLEIBEN. IMMER.

Wir sprechen hier von Begriffen wie Persönlichkeit, Charakter, ja, auch Originalität. Fragen Sie sich also gerade auch in schwierigen Situationen immer wieder: Passt das, was hier geschieht, passt meine Reaktion zu meiner Haltung? Bin das wirklich ich? Und wenn Sie erschrecken, weil Sie sich an irgendeinem Punkt selbst nicht mehr erkennen: Steuern Sie sofort gegen, das ist ein Alarmzeichen!

Haltung und Werte müssen gepflegt werden, sie sind nichts, was man einmal festlegt und was dann zur Selbstverständlichkeit wird. Schlampigkeiten in diesem Bereich rächen sich unter Umständen bitter. Wenn Sie Ihre Haltung einmal aufgegeben oder verloren haben, wird es ganz schwer, sie wieder einzunehmen.

Sie dürfen davon ausgehen, dass Ihre Haltung anderen Menschen auffällt und sich sozusagen multipliziert. Mit der richtigen Haltung werden Sie zum Leuchtturm für andere. Gut möglich, dass Sie für andere sogar zum Mentor und Förderer werden. Sie können andere bei der Findung ihrer eigenen Haltung unterstützen und ihnen dabei helfen, diese Haltung dann auch zu leben. So wird Haltung mit der Zeit zum »Selbstläufer«.

⟫ Ein großer Star und seine Haltung

In meiner Zeit bei United Artists habe ich zahlreiche internationale Filmstars betreut. Dabei macht man viele spannende Erfahrungen. Am meisten hat mich wohl Jack Nicholson beeindruckt, der zur Berlinale nach Berlin kam, um seinen Film »Zeit der Zärtlichkeit« vorzustellen, zu dieser Zeit wohl der größte männliche Star weltweit. Während mein Chef ihn den ganzen Tag begleitete und auch nachts mit ihm um die Häuser zog, war ich als Assistent für die Organisation und das Timing zuständig. Viele Interviews mussten eingetaktet werden, Journalistengespräche, Pressekonferenzen, Restaurantbesuche und so weiter.

Für mich war klar: Ich spiele eine ganz bestimmte Rolle. Wenn man mit Stars unterwegs ist, bekommt man immer ein bisschen Sternenstaub ab. Die Zeitungen waren voll von Jack Nicholson, und man sah natürlich auch uns auf dem einen oder anderen Foto. Aber vor allem war es eine dienende Tätigkeit, bei der es natürlich hier und da zu einem Gespräch kam. An eine Situation erinnere ich mich noch genau. Jack Nicholson ging, während er mir eine Geschichte erzählte, von einem Sessel zum anderen und versetzte sich in die Rolle jeder handelnden Person. Am Ende fragte ich ihn: »Warum geben sie dir eigentlich Geld dafür? Du spielst doch eigentlich immer dich selbst!«

Am Haupttag, an dem sein Film im Zoo Palast präsentiert wurde, saß er an einem etwas abgeschirmten Platz weit oben im Kino. Kurz vor Schluss ging ich zu ihm, sagte ihm, wie es weitergehen würde, dass wir über eine Treppe hinunter zu den Autos gehen und ins Restaurant fahren würden. »Prima«, sagte er, »ich bleibe noch ein paar Minuten. Ich will sehen, ob in der deutschen Synchronisation die Lacher an der richtigen Stelle kommen. Aber sag mal, du sprichst vom Hinterausgang. Was ist denn vorne rum?«

»Vorne, das macht keinen Sinn, da ist ein großes Gedränge, das kriegen wir zeitlich nicht hin, und außerdem wäre das nicht angenehm für dich.«

»Ja, aber was passiert da vorne?«

Ich wiederholte mich. »Jack, vorne sind zu viele Leute.«

»Aber warum sind die da?«

»Na ja, eigentlich, weil du da bist. Weil sie dich sehen wollen.«

Daraufhin bat er mich: »Pierre können wir den Plan ändern?« Und so sorgten wir dafür, dass die Menschen ihn zu sehen bekamen. Mithilfe von Security-Leuten konnte er durch die Menge gehen, Hände schütteln, Fotos machen, Autogramme geben. Statt fünf Minuten über die Hintertreppe dauerte der ganze Spaß eine Stunde. Am nächsten Tag waren die Zeitungen voll davon. Und mir nötigte diese Haltung eines großen Stars höchsten Respekt ab. Er war dankbar, diente seinem Publikum und wusste, dass er seinen Erfolg nicht allein geschafft hatte.

Eine solche Haltung erlebe ich immer wieder bei den ganz Großen und bei denjenigen, die erst am Anfang des Erfolgs stehen. Bei denen in der Mitte gibt es sehr viele, die sich gut benehmen, und einige, die sich ausgesprochen mies verhalten. Aber meistens rächt sich das, und der Erfolg ist nicht von langer Dauer.

ANGEWOHNHEITEN ÜBERDENKEN

Zum Thema Haltung gehören auch unsere Angewohnheiten, gute und weniger gute. Achten Sie darauf, ob Ihre Angewohnheiten zu Ihrer Grundhaltung passen. Es kann nämlich sein, dass Sie sich da gehörig widersprechen. Sobald Ihnen Sätze wie »So bin ich eben«, »Das ist halt so« oder »Das haben wir immer schon so gemacht« in den Sinn kommen, überdenken Sie Ihre Angewohnheiten besonders gründlich.

Eine gute Gelegenheit dazu könnte sein, wenn Sie sich in regelmäßigen Abständen – mindestens einmal im Monat – zurückziehen, um das bisher Geschaffte zu bedenken, Erfolge still oder laut zu feiern, sich genau anzuschauen, wie die Dinge seit dem letzten Mal gelaufen sind. Denn wenn man sich etwas Großes vornimmt, kann es zu lange dauern, bis sich der Erfolg einstellt und man das Gefühl hat, eine Etappe ist geschafft. Stellen Sie sich vor, Ihnen bleibt nur noch ein Jahr. Und dann feiern Sie jeden Monat »Geburtstag«. Ich habe mir einen Tag im Monat dafür festgesetzt. Es ist immer derselbe Tag, wie ein Geburtstag, der zwölf Mal im Jahr gefeiert wird. Und egal, auf welchen Tag das einmal festgelegte Datum fällt: An diesem Tag nehme ich mir Zeit für mich, zum Nachdenken und eben auch zum Feiern. Mal ganz für mich, mal mit meiner Familie, mal mit Freunden, ganz nach der Stimmung des aktuellen Anlasses.

DIE EIGENE HALTUNG LEBEN
UND LIEBEN

Ihre Haltung begleitet Sie durchs Leben, nicht nur im Beruf, sondern auch im Privatbereich. Sie können sie nur aufrechterhalten, wenn Sie sich wirklich wohlfühlen mit ihr, wenn Sie sie lieben. Es schadet nichts, sich selbst zu lieben. Und es schadet schon gar nichts, Spaß zu haben.

Haltung braucht Selbstvertrauen und Selbstliebe. Nur dann können Sie Ihre Haltung leben und sich mit ihr weiterentwickeln.

» Gegen die Infamitäten des Lebens sind die besten Waffen: Tapferkeit, Eigensinn und Geduld. Die Tapferkeit stärkt, der Eigensinn macht Spaß, und die Geduld gibt Ruhe.« Hermann Hesse

Zum Leben und Lieben Ihrer Haltung gehört auch, dass Sie positiv darüber denken. Negatives Denken ist nur eine schlechte Angewohnheit, die Energie, Kreativität und damit auch den Erfolg behindert. Letztlich verkürzt sie wohl, wie einige Studien zeigen, das Leben.

Also: Seien Sie selbstbewusst, verschwenden Sie keine Zeit mit sinnlosen Grübeleien, Selbstmitleid, Ungerechtigkeit, Missgunst, Enttäuschungen.

Alles, worüber Sie nachgrübeln, liegt entweder in der Vergangenheit und ist nicht mehr rückgängig zu machen, oder es liegt in der Zukunft und entzieht sich deshalb Ihrem Zugriff. Wenn Sie schon über die Vergangenheit nachdenken wollen, dann denken Sie an die wunderbaren Momente und Erfolge in Ihrem Leben, an Menschen, die Ihnen Liebe geschenkt oder ihnen sonst etwas Gutes gegeben haben. Und wenn Sie schon in die Zukunft hineindenken wollen, dann denken Sie an all das, was Sie noch erreichen werden.

Dabei ist mir durchaus klar, dass das Leben nicht immer rosig aussieht. Aber es gibt Wege, mit Sorgen und negativen Gedanken oder Erlebnissen umzugeben, und diese Wege haben nichts mit Grübeln zu tun. Sie können beispielsweise alle Sorgen und alles Negative in eine Liste schreiben und mit positiven Punkten ausbalancieren. Und manchmal hilft es auch, Negatives einfach »abzuschreiben«.

》Es gibt nur zwei Tage im Jahr,
an denen du nichts bewirken kannst:
gestern und morgen.《 Sprichwort aus Asien

Eine positive innere Haltung macht sich – wir haben das bereits gesehen – auch in der äußeren Körperhaltung bemerkbar. Aufstehen, gerade stehen, Schultern breit machen, lächeln. Dann sind Sie Macher und nicht Opfer. Haltung zeigen gibt Stärke – und Stärke zeigen ist ein Grundprinzip der Natur, deren Teil wir nun mal sind.

GROSSZÜGIG SEIN

Teilen Sie Ihre Haltung großzügig mit anderen Menschen. Großzügigkeit ist ohnehin eine wichtige Sache, sie wird uns beim Thema Gastfreundschaft noch intensiv beschäftigen. Großzügige Menschen ziehen andere großzügige Menschen an. Großzügige Menschen ziehen aber vor allem so etwas an wie Fülle. Sie leben und geben aus dem Vollen und bekommen das, was sie geben, oft vielfach zurück. Das Grundprinzip dazu heißt: Fühl dich reich und sorg dafür, dass du die Menschen magst.

Der Witz ist: Wenn Sie damit anfangen, wenn Sie »Haltung« zu Ihrem Projekt machen, dann sehen Sie auf einmal überall Beispiele, Vorbilder und Parallelen. Es ist so, als wollte man sich ein neues Auto oder Fahrrad kaufen. Plötzlich sieht man überall die Marke, für die man sich interessiert. Auch dazu kann ich Ihnen eine Geschichte aus persönlicher Erfahrung erzählen.

HALTUNG KANN MAN LERNEN

Eine echte, positive, aufrechte Haltung ist nichts, was man hat oder eben auch nicht. Sie ist weder angeboren, noch beruht sie auf einem besonderen Talent. Haltung kann man lernen. Und im Grunde genommen geht es dabei zu wie bei jedem anderen Projekt. Am Anfang steht eine Vision. Auch deshalb, weil Haltung innen anfängt, aber außen sichtbar wird. Stellen Sie sich vor, wie Sie sein möchten. Visualisieren Sie ein lebhaftes Bild von Ihrem »Ideal-Ich«. Stellen Sie sich mit allen Sinnen vor, wie es sein wird, wenn Sie diese Haltung angenommen und ganz verinnerlicht haben. Visualisieren Sie, hören Sie zu, wie es sein wird, wenn Sie mit einer klaren, aufrechten Haltung Ihre Ziele erreichen. In vielen Bildern, in allen Farben. Stellen Sie es sich vor – und genießen Sie diese Vision in vollen Zügen.

In Lebensgefahr. Und dann das volle Leben

Auf meinen Trendreisen nehme ich meine Kunden mit in die Welt, um ihnen Innovationen und Trends live zu zeigen und gemeinsam darüber nachzudenken, was das für sie und ihr Projekt bedeuten kann. Ich war vor einer solchen Trendreise nach Las Vegas zu einer Routineuntersuchung beim Arzt, der mir sagte, er »hätte da was gesehen«, und mich an einen Kollegen überwies. Dieser zweite Arzt stellte dann fest, da wäre ein Karzinom an der Niere. Ich reagierte gar nicht so richtig, fragte ihn, wie es jetzt weiterginge. »Wir könnten nächsten Donnerstag ein Bett frei kriegen, dann können wir Sie am Freitag operieren«, lautete die Antwort.

»Wie stellen Sie sich das vor?«, fragte ich zurück. »Ich bin Unternehmer, ich muss eine Tour nach Las Vegas vorbereiten und durchführen, die nächsten Wochen geht da gar nichts.«

Der Arzt sah mich verwirrt an. »Verstehen Sie, wir haben Glück, dass wir so schnell einen Termin zustande bringen. Sie haben es offenbar noch nicht so ganz begriffen: Karzinom heißt, Sie haben Krebs, wenn auch in einem frühen Stadium.«

Für mich war das ein Schlag ins Gesicht. Ich habe dem Termin dann zugestimmt, habe versucht, so viel wie möglich vorher noch zu regeln, wurde operiert. Und so ganz allmählich begriff ich, was das alles mit meinem Leben machen würde. Auf der Intensivstation begreift man das sehr schnell.

In der folgenden Nacht gab es Komplikationen, die so schlimm waren, dass sie mich fast das Leben gekostet hätten. Eine aufmerksame Krankenschwester hat das Team angerufen und mich damit gerettet. Am Ende war ich elf Tage auf der Intensivstation, neun Tage künstlich ernährt. An einige Tage kann ich mich kaum erinnern. Ein Freund und ehemaliger leitender Mitarbeiter, Kai, hat die Tour nach Dubai übernommen. Die nächste, nach Las Vegas, habe ich mir zwei Monate später schon wieder selbst zugetraut.

Als es mir, noch auf der Intensivstation, wieder etwas besser ging, habe ich viel nachgedacht, auch darüber, wie sich wohl das Ende anfühlt. Man wird sehr demütig in so einer Zeit. Eine Woche zuvor hätte ich mir nicht vorstellen können – ich, der Erfolgsunternehmer, Positivdenker, proaktive Bestimmer –, jemals in eine solche hilflose Lage zu geraten. Als ich das Krankenhaus verließ, ging ich gebückt wie ein Greis.

Wenige Monate später, ich war wieder einigermaßen auf der Höhe, teilte mir meine Frau mit, sie sei schwanger. Gerade hatte ich überlegt, mir nach der Krankheitszeit einen Wunsch zu erfüllen: einen Porsche-Oldtimer. Na gut, auch da passt ja ein Kind mit hinein. In dem Moment, als ich diesen Gedanken zu Ende gedacht hatte, sagte meine Frau. »Und übrigens, es sind Zwillinge.«

Wir haben dann einen Volvo gekauft.

Aber Sie glauben gar nicht, wie viele Zwillingswagen ich auf einmal in den Straßen sah. Ich war wirklich zutiefst überrascht, wie viele Zwillinge es gibt.

>>Ich freue mich wenn es regnet,
denn wenn ich mich nicht freue,
regnet es auch.<< Karl Valentin

Und wie bei jedem Projekt muss der Vision das Tun folgen. Haltung lernen, das geht nur proaktiv. Sie sind immer selber schuld! Wenn Sie das zugeben können, dann können Sie auch alles ändern. Umgekehrt gilt: Wenn Sie anderen oder den Umständen die Schuld geben, können Sie gar nichts ändern. Das ist möglicherweise auf den ersten Blick bequemer, aber es hilft Ihnen nie.

Sie sind Schöpfer Ihrer Gedanken und damit auch Ihres Tuns. Gehen Sie raus aus der passiven Rolle und werden Sie zum Macher. Nur dann können Sie Ihr Verhalten und Ihre Haltung aktiv bestimmen und verändern.

Für den Anfang – es geht ja nicht um irgendeine Haltung, sondern um eine, mit der sie den Menschen freundlich entgegentreten – gebe ich Ihnen ein paar ganz praktische Tipps mit. Sie sollen Ihnen helfen, diese menschenfreundliche Haltung einzuüben und gleichzeitig so richtig freundlich zu sich selbst zu sein.

- Hören Sie auf, sich an einen anderen Ort und eine andere Zeit zu wünschen. Sie sind genau da, wo Sie sein wollen, im Hier und Jetzt.
- Tun Sie jeden Tag etwas für andere, und wenn es nur Kleinigkeiten sind. Halten Sie einem fremden Menschen die Tür auf; halten Sie den Bus auf, wenn jemand noch angelaufen kommt; heben Sie etwas auf, was einem anderen runtergefallen ist – ja, auch wenn derjenige jünger ist als Sie; helfen Sie jemandem beim Tragen; machen Sie einfach ein bisschen freundlichen Smalltalk, wie es die Amerikaner geradezu routinemäßig machen. Das alles darf vorübergehend und auch oberflächlich sein. Nicht aus jeder Freundlichkeit muss eine Freundschaft fürs Leben entstehen.
- Grüßen Sie und seien Sie nett, auch zu Fremden.
- Wenn Sie einen Menschen mit Namen kennen, benutzen Sie diesen Namen oft. Nicht so, dass es ihm auf die Nerven geht, aber eben da, wo es passt. Kein Wort auf dieser Welt gefällt uns so gut wie unser eigener Name. Als ich meinem siebenjährigen Sohn Henry erzählte, dass ich gerade dabei bin, ein Buch zu schreiben, fragte er sofort: »Und was schreibst du da drin über mich?«
- Wenn es etwas mehr sein darf: Zahlen Sie einem Gesprächspartner den Drink, überraschen Sie andere durch Menschlichkeit, lassen Sie im Supermarkt jemanden vor, erledigen Sie eine kleine Arbeit für einen anderen, bringen Sie Ihrem Sitznachbarn auf einer Tagung einen Kaffee mit …
- Loben Sie andere oder machen Sie ein nettes Kompliment, gerade dann, wenn der andere es am wenigsten erwartet. Jeder hört gern, dass er etwas gut gemacht hat. Auch diejenigen, die eigentlich »nur ihren Job

machen«. Und auch Gäste und Vorgesetzte (die kriegen es viel zu selten zu hören, weil sich kaum einer traut).

- Jeden Tag eine gute Tat – die alte Pfadfinderregel verschönt Ihnen und anderen das Leben. Denn je mehr Freude Sie anderen bereiten, desto größer wird Ihre eigene Freude. Das gilt für Freunde und Familie, für Fremde, vor allem aber für Kollegen und Gäste. Und sogar für Vorgesetzte.

>> Ein Optimist sieht eine Gelegenheit
in jeder Schwierigkeit.
Ein Pessimist sieht eine Schwierigkeit in
jeder Gelegenheit. << **Winston Churchill**

AUFRÄUMEN
UND EINFACH
BLEIBEN

Zurück zu den harten Fakten: Bevor Sie jetzt richtig mit Ihrem Projekt anfangen können, muss noch etwas passieren, was nur Sie zustande bringen. Sie müssen alles aus dem Weg räumen, was Sie behindert. Das gilt im Außen wie im eigenen Kopf. Wenn Sie den Kopf nicht frei haben, wie wollen Sie ein großes neues Projekt in Gang bringen? Sie brauchen alle Kraft, die Ihnen zur Verfügung steht. Dazu gehört auch, die Dinge nicht komplizierter und damit kraftraubender zu machen, als unbedingt nötig ist. Schwierig wird es von selbst. Sehen Sie zu, dass Sie Ihr Projekt so einfach wie möglich machen.

AUFRÄUMEN

Fangen Sie mit den Leichen im Keller an. Gibt es Dinge aus Ihrer Vergangenheit, die noch geklärt werden müssen? Tun Sie das unbedingt! Denn Ungeklärtes hängt in Ihrem Kopf fest und behindert Sie wie ein Klotz am Bein. Dabei kann es um alte Geschäftsverbindungen gehen, um Vereinbarungen, die einzuhalten sind, um alte Verträge, Bankverbindlichkeiten, aber auch um private Beziehungen, die nicht mehr ins Heute passen. Oder um alten Groll, den Sie loslassen müssen.

Stellen Sie alles auf den Prüfstand. Wenn etwas nicht mehr zu Ihnen passt, lassen Sie es sein. Es geht nicht darum, um jeden Preis Verbindungen zu kappen, aber an einem reinen Tisch arbeitet es sich nun einmal besser. Und Arbeit kommt genug auf Sie zu.

Aufräumen kann auch im ganz konkreten Sinne gemeint sein. Manchmal hilft es, seinen Arbeitsplatz komplett freizuräumen, sich von alten

Gegenständen und altem Staub zu verabschieden. Ein guter Tipp, wenn Sie intensiv nachdenken und arbeiten müssen: Sorgen Sie für einen ordentlich aufgeräumten Arbeitsplatz. Chaos im Außen spiegelt nicht nur einen chaotischen inneren Zustand, es erzeugt auch Chaos im Inneren.

MACHEN SIE ES SICH EINFACH

Schwierig wird es von selbst. Sorgen Sie zunächst dafür, dass Ihr Plan so einfach wie möglich ist und dass auch seine Umsetzung sich so einfach wie möglich gestaltet und auch so bleibt.

Und wo Sie auf Punkte stoßen, die für Sie allein nicht ohne Weiteres zu lösen oder zu erledigen sind: Holen Sie sich Hilfe! Sie können jederzeit Prozesse auslagern, Sie können Profis mit ins Boot holen. Alles, damit Ihr Kopf frei bleibt für das, was Sie am besten können und was nur Sie tun können und wollen. Kümmern Sie sich um Ihr Projekt. Und das heißt in diesem Stadium: Kümmern Sie sich um Ihren Plan.

Gerade in diesen digitalen Zeiten lässt sich vieles anders organisieren, auslagern und anders denken.

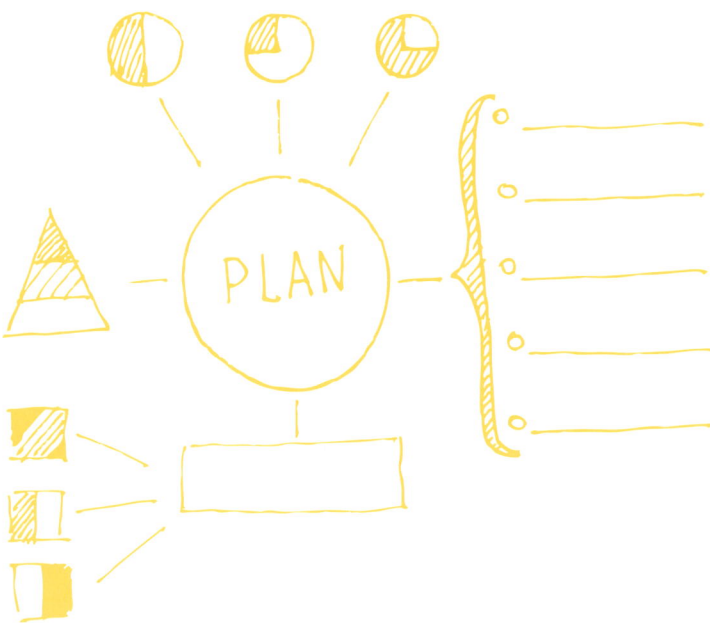

EINEN PLAN
MACHEN UND
ANFANGEN

Um eine Vision umzusetzen, brauchen Sie einen guten Plan. Doch wie sieht ein guter Plan aus? Ganz einfache Grundregel: Er muss zu Ihnen und Ihrer Vision passen. Allgemeingültige Rezepte gibt es also nicht. Ein paar Punkte sind aber immer wichtig.

Und Sie brauchen eine Strategie. Und Sie sollten beides, also Plan und Strategie, nicht miteinander verwechseln. Eine Strategie unterscheidet sich grundsätzlich von einem Plan. Sie umfasst einen größeren oder Gesamt-Zeitraum und den gesamten Umfang eines Projekts. Und sie berücksichtigt, dass möglicherweise bestimmte Phasen nicht vorhersehbar sind und dass neue Informationen oder Wendungen die Strategie verändern. Liegt die grundsätzliche Strategie einmal fest, dann werden daraus ein Plan und Teilpläne entwickelt.

Eine Firmenstrategie ist sozusagen die grundsätzliche Gesamtstrategie inklusive Positionierung im Markt einer Firma oder eines Zweiges bzw. Projekts. Es kann aber auch Teilstrategien geben, zum Beispiel in Form einer Marketingstrategie, Finanzstrategie und so weiter. In Unternehmen spricht man von mittelfristigen (zwei bis fünf Jahre) und langfristigen (vier bis zehn Jahre) Strategien.

In der heutigen Zeit mit ihrem schnellen Wandel und agilen Organisationen müssen Strategien regelmäßig überprüft und dann optimiert bzw. verändert werden. Das bedeutet oft auch, dass Pläne über den Haufen geworfen und neu entwickelt werden. Hier haben vor allem kleine Organisationen aufgrund ihrer größeren Wendigkeit einen erheblichen Marktvorteil.

》Menschen mit einer neuen Idee gelten solange als Spinner, bis sich die Sache durchgesetzt hat.《 **Mark Twain**

EINE **STRATEGIE** ENTWICKELN

Skizzieren Sie Ihre Strategie in ihren Grundzügen und auf der Grundlage all der vorher angestellten Überlegungen. Sie sollte einfach sein und sich vor allem mit dem Markt, den Chancen des Projekts, seinen Besonderheiten und der Positionierung befassen. Achten Sie dabei immer darauf, dass die Strategie sich nicht verselbstständigt, sondern mit Ihrer Vision im Einklang bleibt.

Die Strategie muss sich »Ihrem eigenen Ding« anpassen – nicht umgekehrt.

Allzu detailliert muss eine Strategie nicht sein. Die Details folgen dann, wenn Sie daraus einen Plan entwickeln. Und während Sie sich darauf zubewegen, denken Sie daran, ständig sich selbst, Ihr Umfeld und den Markt zu beobachten. Es kann gut sein, dass Sie an bestimmten markanten Punkten Ihre Strategie und/oder den Plan ändern müssen. Auf dem Weg zum Ziel hat man immer neue Erkenntnisse.

Und schließlich: Glauben Sie bitte nicht, dass Sie alles, was Sie für Ihre Strategie und den daraus folgenden Plan brauchen, aus Zahlen ablesen können. Sie wollen ein Unternehmen, das sich an Menschen orientiert. Das Wichtige passiert immer zwischen den Zahlen.

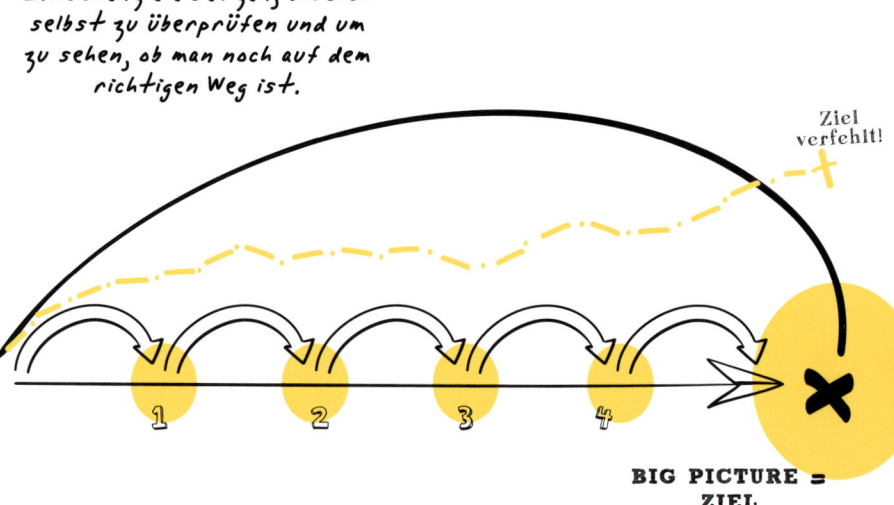

Zwischenziele setzen, um sich selbst zu überprüfen und um zu sehen, ob man noch auf dem richtigen Weg ist.

Ziel verfehlt!

1 2 3 4

BIG PICTURE = ZIEL

IMMER VOM ENDE HER DENKEN

Ein Plan muss absolut und kompromisslos ergebnisorientiert sein. »Wichtig ist, was hinten rauskommt«, hat ein deutscher Bundeskanzler mal gesagt. Das gilt für Pläne allemal. Und hier geschieht jetzt die echte Detailarbeit.

ALLES AUFSCHREIBEN

Ein Plan, den Sie nur im Kopf haben, ist noch kein richtiger Plan. Gedanken sind furchtbar flüchtig, schon wenn Sie zur Tür hinausgehen, wissen Sie vielleicht nicht mehr alles. Das heißt: Schreiben Sie bitte alles auf. Beim Aufschreiben merken Sie, wo es noch hakt. Und was einmal auf dem Papier oder auf der Festplatte steht, vergessen Sie nicht so leicht. Und Sie gehen eine Selbstverpflichtung ein.

IN KLEINE STÜCKE ZERLEGEN

Die Verwirklichung eines Plans geht immer in vielen kleinen, manchmal winzigen Schritten vor sich. Deshalb ist es sehr wichtig, dass Sie Ihren Plan in Teilstücke zerlegen. Details spielen eine große Rolle. Man sagt nicht ohne Grund, dass der Teufel im Detail steckt. Und jeder gegangene Schritt ist ein Erfolg, der motiviert, glücklich macht und zum Feiern einlädt.

IMMER WIEDER ÜBERPRÜFEN

Wenn Sie Ihren Plan aufgeschrieben haben, überprüfen Sie alles, was Sie zu Papier gebracht oder in die Tastatur gehackt haben. Passt es zu Ihrer Vision? Passt es zu Ihrer Haltung? Passt es zu »Ihrem einen Ding«? Sie werden sich in der Folgezeit sehr viel mit diesem Plan beschäftigen müssen. Auch deshalb ist es wichtig, dass er Ihnen von vorn bis hinten gefällt. Von

Besessenheit haben wir schon gesprochen. Hier zahlt sie sich aus. Seien Sie besessen von Ihrem Plan und Ihrem Projekt.

Und was ist mit Plan B? Seien Sie damit in diesem Stadium vorsichtig. Natürlich brauchen Sie in den einzelnen Schritten Ausweichstrategien, wenn etwas nicht so läuft, wie Sie es sich vorgestellt haben. Aber der Plan als solcher sollte für Sie unverhandelbar sein. Sonst geben Sie bei den ersten Schwierigkeiten womöglich zu schnell auf und suchen schon den nächsten Plan.

Plan B

Die komplizierteste Sache, die ich während meiner Zeit bei dem großen Filmverleiher UNIVERSAL zu organisieren hatte, war die Deutschlandpremiere von Stephen Spielbergs Film »Schindlers Liste«. Wir hatten im Marketing beschlossen, eine richtig große Sache aus dem Filmstart zu machen. Der israelische Botschafter war Schirmherr, ebenso wie der damalige Bundespräsident Richard von Weizsäcker, und es war jede Menge Prominenz eingeladen. Da war natürlich Sicherheitsstufe 1 angesagt, die Filmpremiere brauchte mehrere Monate Vorlauf, und wir benötigten einen Veranstaltungsort, der gleichzeitig repräsentativ und gut zu sichern war. Da das kein Kino in Frankfurt leisten konnte, wichen wir auf die Frankfurter Oper aus, die wir für diesen einen Tag in ein Kino umbauten. Zusätzlich zur Polizei und den individuellen Personenschützern war ein privater Sicherheitsdienst eingesetzt. Das alles durfte ich koordinieren, die Pressearbeit musste mein Boss Doris Wolf übernehmen.

Spielberg kam mit Familie im Privatjet, trug sich ins Goldene Buch der Stadt ein, und es kam immer wieder zu kurzfristigen Änderungen des Programms. Handys waren zu dieser Zeit noch echte Ziegelsteine, außerdem hielten wir Funkkontakt zur Polizei und zum Sicherheitsdienst – auf zwei unterschiedlichen Frequenzen mit zwei unterschiedlichen Geräten, zusätzlich zur damals noch riesigen Mobilfunkkiste. Ich brauchte tatsächlich jemanden, der mir die Dinger hinterhertrug.

Später bin ich oft gefragt worden, wie das alles so reibungslos funktionieren konnte. Auch unsere amerikanischen Partner und Spielberg selbst waren beeindruckt. Die Antwort war einfach: Ich hatte mit Änderungen gerechnet, hatte mehrere Szenarien im Kopf und vorgeplant. Es gehen nicht alle Mitglieder der Spielberg-Entourage mit ins Rathaus? Gut, dann brauchen wir einen gesicherten Wagen, der sie ins Hotel bringt. Und so weiter. Was man daran sieht? Ein Plan B wird immer gebraucht. Für die großen Lebenspläne eignet er sich nur sehr bedingt.

》Wer zwei Hasen jagt, wird keinen erlegen.《 Russisches Sprichwort

DEN PLAN SICHTBAR MACHEN

Grafik, Mindmap, Sketchbook – es gibt heute viele Hilfsmittel, um Pläne zu strukturieren, zu designen und damit für alle Beteiligten sichtbar zu machen. Probieren Sie aus, ob etwas davon zu Ihnen passt. Und wenn ja, nutzen Sie solche Möglichkeiten, auch um anderen von Ihrem Projekt zu erzählen und sie mitzureißen.

SOFORT STARTEN

Und wenn das alles getan ist: Fangen Sie an. Lassen Sie sich nicht von Sorgen, Hemmungen und Skrupeln behindern. Wenn Sie bisher alle Schritte gegangen sind, dann dürfen Sie springen. Zu viele gute Ideen sind genau daran gescheitert, dass die Ideengeber den Absprung ins Tun nicht gefunden haben. Sie haben einen Traum. Holen Sie ihn in die Wirklichkeit!

》Erfolg ist ein Wort mit drei Buchstaben: T – U – N.《

Was das genau heißt?

EINE WICHTIGE SACHE

Kümmern Sie sich um die erste wichtige Sache, die Ihren Plan zünden lässt, sofort und ohne Ablenkung. Fokus ist jetzt wichtig! Wenn der erste große Schritt gegangen ist, folgt der zweite fast von selbst.

>>Auch eine Reise von tausend Meilen beginnt mit dem ersten Schritt.<< Chinesische Weisheit

SALAMITAKTIK

Zerlegen Sie große Aufgaben in mehrere Teilstücke (Salamischeiben) und starten Sie mit einem Teil. Das nächste wird folgen. Perfektion ist dabei nicht immer das erste Gebot. Manchmal ist fertig besser als perfekt.

KONZENTRATION UND FOKUS

Konzentrieren Sie sich auf eine Aufgabe oder Teilaufgabe, bis sie erledigt ist. Multitasking ist eine Illusion! Niemand kann mehrere Dinge gleichzeitig tun. Menschen, die ständig auf »Multitasking« gepolt sind, laufen Gefahr, sehr viel Kraft und Energie mit dem Springen zwischen zwei oder mehreren Aufgaben zu verlieren – denn genau das passiert beim vermeintlichen Multitasking: Wir springen zwischen den Aufgaben hin und her.

Also: Eine Aufgabe erledigen, dann die nächste angehen. Gerade wenn der Zeit- oder Leistungsdruck sehr groß und der Arbeitsrhythmus sehr verdichtet ist, hilft eigentlich nur strenge »Monogamie« bei den Aufgaben.

Wenn Sie spüren, dass Sie sich nicht mehr auf Ihre Aufgabe konzentrieren können, oder wenn Sie kurzfristig nicht »in der Stimmung« sind, machen Sie was anderes. Oder machen Sie Pause. Wenn Kraft und Energie wieder da sind, sollten Sie aber sofort zur Hauptaufgabe zurückkehren. Es ist immer wichtig, die eigene Arbeit der Konzentrationsfähigkeit anzupassen.

Und übrigens: Wenn Sie spüren, dass Sie längerfristig nicht »in der Stimmung« sind, überprüfen Sie unbedingt, woran das liegt. Was passt da nicht? Passt der Plan, aus dem die aktuelle Aufgabe stammt, noch mit Ihrer Vision, Ihrer Haltung, Ihrer Strategie zusammen? Manchmal ist Unlust ein Indikator dafür, dass etwas dringend geändert werden muss.

PAUSEN SIND WICHTIG

Wer ununterbrochen arbeitet und dies lustvoll tun kann, ohne es als Belastung zu empfinden, ist wahrscheinlich gerade im Flow (siehe unten). Das ist ein wunderbarer Zustand, aber er ist doch eher die Ausnahme als die Regel. Normalerweise brauchen wir bei der Arbeit Pausen.

Entspannen Sie sich, wenn Sie das Bedürfnis danach empfinden, ohne Rücksicht auf feste Zeiten. Ein kurzes Nickerchen von fünfzehn bis zwanzig Minuten kann Wunder wirken. Gerade wenn die Augen von der Arbeit am Bildschirm ermüden, ist Kurzschlaf eine große Hilfe, vor allem in der späteren Mittagszeit 13 und 14 Uhr. Er steigert, wie Studien nachgewiesen haben, die Leistungsfähigkeit und schenkt neue Energie. Danach sind Sie konzentrierter, besser gelaunt und haben etwas für Ihre Gesundheit getan.

Man kann das lernen und verschiedene Tricks anwenden, um erstens ganz schnell wegzuschlummern (dafür eignen sich diverse Entspannungsmethoden wie autogenes Training oder progressive Muskelentspannung) und zweitens nicht zu lange, um nicht in eine Tiefschlafphase zu geraten.

Auch Meditation ist eine Möglichkeit, die leeren Batterien wieder aufzuladen. Oder Sie setzen auf Bewegung und machen in der Pause einen flotten Spaziergang an der frischen Luft.

》Denke daran, dass Schweigen manchmal die beste Antwort ist ... Verbringe jeden Tag einige Zeit mit dir allein.《 Dalai Lama

 Ein Schläfchen für den Kaiser

Von Napoleon Bonaparte wird erzählt, er habe sich regelmäßig zu einem Nickerchen zurückgezogen und dabei einen Schlüsselbund in der Hand gehalten, die über die Bettkante oder Sessellehne hing. Wenn der Tiefschlaf einsetzte (was nach 15 bis 20 Minuten der Fall ist), entspannte sich die Hand und der Schlüsselbund fiel klirrend zu Boden: Schon war der Kaiser wieder wach und bereit zu neuen Taten.

MEIN KONZENTRATIONSTRICK FÜR PROJEKTE

Wenn ich intensiv und ohne Ablenkung an einem Projekt arbeiten will, nutze ich dazu die Zeit, die ich in Hotellobbys, im Zug oder Flugzeug verbringe. Dort bin ich ganz herausgenommen aus meinem Büroalltag, dort kommt niemand und braucht mich oder hat eine dringende Frage. Das Telefon schalte ich auf Flugmodus. In dieser, ich möchte fast sagen: Ausnahmesituation gibt es nur mich und mein Projekt, und ich nehme oft dann auch nur ein Projekt mit, um damit wirklich fertig zu werden. Es wundert mich überhaupt nicht, dass in manchen ICEs fast schon die Atmosphäre eines Großraumbüros entsteht, vor allem am Tagesrand, wenn der Zug nicht so voll ist. In dieser ruhigen Umgebung lässt sich sehr gut konzentriert arbeiten. Das Gleiche gilt für Hotellobbys, die auf diese Weise zu universellen Orten für Netzwerker werden, genau wie geteilte Büros. Die leisen Umgebungsgeräusche stören dabei gar nicht, sondern fördern eher die Konzentration als absolute Stille. Schließlich gehen sie mich nichts an. Ich kann da wunderbar abschalten.

ALTMODISCHE TUGENDEN

Es ist tatsächlich was dran an den altmodischen Tugenden. Fleiß und Disziplin sind das A und O bei der Arbeit an einem Plan. Denn es versteht sich von selbst, dass es bei allem Brennen für Ihre Vision auch Durststrecken gibt, wo das Ganze überhaupt keinen Spaß macht. Doch wer den inneren Schweinehund überwindet, beharrlich dranbleibt (Disziplin) und ordentlich was wegschafft (Fleiß), wird mit einem unglaublich guten Gefühl belohnt: einer Mischung aus Erleichterung, Triumph und Stolz.

Das geht aber nur, wenn man es nicht übertreibt und irgendwann auch Schluss machen kann. Mein Rat dazu: Arbeite hart UND smart. Fünf Stunden konzentriertes Arbeiten sind genug. Danach machen Sie entweder richtig Schluss, will sagen, Freizeit. Oder, wenn Sie noch ein bisschen länger fleißig sein wollen, suchen Sie sich eine vollkommen andere Arbeit. Kümmern Sie sich um Ihre Gäste, Ihre Mitarbeiter, räumen Sie auf ... es gibt immer genug zu tun.

>> Wir hören oft auf nachzudenken, wenn wir glauben es verstanden zu haben.. << Hermann Scherer

WICHTIG, ABER NICHT DRINGLICH

exakt terminieren und selbst erledigen

WICHTIG & DRINGLICH

sofort selbst erledigen

WEDER WICHTIG, NOCH DRINGLICH

nicht bearbeiten

NICHT WICHTIG, ABER **DRINGLICH**

delegieren

WICHTIGKEIT

DRINGLICHKEIT

Das für mich wichtigste Werkzeug in Sachen Zeitmanagement ist die Anwendung des sogenannten »Eisenhower-Prinzips«. Der Ex-US-Präsident und Alliiertengeneral hat eine Matrix entworfen, die auch in kritischen Situationen hilft, klare Entscheidungen darüber zu treffen, was zuerst zu tun ist. Dieses System gehört zu den Grundprinzipien der Zeitplanung.

Es gibt die Achsen »wichtig« und »dringend«, die Stufen »niedrig« und »hoch«. Die für Ihre Planung entscheidenden Dinge spielen sich im Feld B ab: Dort stehen alle Angelegenheiten, die Sie selbst erledigen müssen.

Tätigkeiten im Feld C (weniger wichtig – aber dringend) sollten Sie sofort an eine geeignete Person delegieren, um sich selbst Ihren wichtigen Aufgaben zu widmen. Aufgaben, die weder dringend noch wichtig sind, sind meist völlig überflüssig. Diese Aufgaben sollten Sie minimieren – oder streichen. (Damit zusammenhängendes Papier wandert sofort in den Papierkorb!) Also: Identifizieren Sie die wichtigen Dinge im B-Feld; terminieren und erledigen Sie sie rechtzeitig – so können Sie immer agieren und kommen nicht in Zeitdruck.

AUF EINEN BLICK: ECHT VISIONÄR – SO GELINGT IHR PROJEKT

1

Finde dein eines, eigenes Projekt, kombiniere Ideen.

2

Entwickle eine Vision, die alle begeistert.

3

Sorge für eine positive Einstellung – bei dir selbst und allen Beteiligten.

4

Räum auf und bleib einfach.

5

Mach einen Plan und fang an.

MENSCHEN IM MITTEL-PUNKT

MENSCHEN-ZENTRIERTE ORGANISATIONEN UND »NEUES ARBEITEN«

Sie wollen eine freundliche Organisation schaffen oder weiterentwickeln, die die Menschen in den Mittelpunkt stellt. Die Menschen, die darin tätig sind, ebenso wie die Gäste. Damit bewegen Sie sich mitten hinein in das, was man heute »neues Arbeiten« nennt.

Die klassischen Organisationsformen entsprechen den Menschen heute nicht mehr. Und sie entsprechen schon gar nicht der jungen Generation und künftigen Generationen. Heute gilt das vor allem für die sogenannten Generationen Y und Z. Wobei diese Gruppen ineinander übergehen und nicht immer ans Geburtsdatum gebunden sind.

GENERATION **XYZ**

Was steckt hinter diesen seltsamen Bezeichnungen, die man so oft hört und die als Erklärung für alle möglichen Erscheinungen, Veränderungen und Verhaltensweisen herangezogen werden? Unter Sozialwissenschaftlern und in der Folge beispielsweise auch bei Marketing- und Werbeexperten hat es sich eingebürgert, bestimmte Altersgruppen durchzunummerieren. Heute spricht man von fünf solchen Altersgruppen, angefangen mit dem Geburtsjahrgang 1922: Da sind zunächst die Traditionals (geboren bis 1955), dann die Babyboomer (geboren 1956 bis 1966), ihnen folgen die Generationen X

(1966 bis 1980), Y (1981 bis 1995) und Z (ab 1995). Man nimmt an, dass diese Gruppen aufgrund bestimmter prägender Erlebnisse und Entwicklungsfaktoren auch eine gemeinsame Art entwickelt haben, zu leben, zu arbeiten, zu kommunizieren, mit Technik und Medien umzugehen und so weiter. Darauf kommt es übrigens an, nicht unbedingt auf das Geburtsdatum. Nehmen Sie die Clusterung also nicht allzu wörtlich.

Die **Generation X** wird in Deutschland auch »Generation Golf« genannt. Sie ist noch ohne Computer aufgewachsen und hat die Digitalisierung im Erwachsenenalter erlebt. Mit neuen Technologien und den Veränderungen in der Arbeitswelt musste sie sich bewusst beschäftigen. Die Angehörigen dieser Generation sind zu einem großen Teil gut ausgebildet. Typisch für sie ist eine selbstständige, pragmatische Arbeitsweise. Karriere ist ihnen wichtig, aber auch eine gute Work-Life-Balance.

Die **Generation Y,** auch als »Millenials« bezeichnet, ist bereits in einer digitalen Welt aufgewachsen. Internet, Tablets und Smartphones sind den Angehörigen dieser Generation sehr vertraut. Als typisch für sie gilt der hohe Wert von Selbstverwirklichung und Freiheit, Teamarbeit und Sinnsuche in der Arbeit. Diese Generation trennt nicht mehr scharf zwischen Arbeitszeit und Freizeit, die beiden Bereiche verschmelzen miteinander. Karriere ist kein herausgehobener Wert, die Arbeit soll sinnvoll sein und Spaß machen.

Die **Generation Z** ist in einer Welt des schnellen technologischen Fortschritts aufgewachsen. Ihre Angehörigen sind »Digital Natives« und hätten vermutlich Mühe, sich in einer komplett analogen Welt noch zurechtzufinden. Social Media spielen für sie eine große Rolle. Sie sind vorsichtiger und misstrauischer als die Generation Y, eher pessimistisch, was die Entwicklung unserer Welt angeht, und bereit, sich zu engagieren. Angehörige der Generation Z trennen wieder viel schärfer zwischen Arbeit und Privatleben. Sie gehen auch kritischer mit digitalen Medien um. Sinnsuche und Selbstverwirklichung im Bereich der Arbeit spielen eine eher untergeordnete Rolle.

NEUE ORGANISATIONSFORMEN

Was heißt das für Sie als Unternehmer oder Führungskraft? Sie werden es höchstwahrscheinlich bei Ihren Mitarbeitern mit einem spannenden

Generationenmix zu tun haben. Ein Großteil wird vermutlich der Generation Y angehören. Für diesen Generationenmix sind klassische Organisationen nicht mehr geeignet. Aber die Millennials sind dafür Meister der Projektarbeit, sowohl im beruflichen als auch im privaten Bereich. Die Lösung: Menschenzentrierte Organisationen mit flachen Hierarchien, Spaß, Sinn und einer starken Kundenorientierung. Speziell um Digital Natives zu gewinnen, müssen Sie Hierarchien reduzieren, überalterte Regelwerke und Kommunikationsformen deutlich verändern. Nur so können Sie Mitarbeiter für Ihr Projekt finden, begeistern und daran binden.

SINNVOLL ARBEITEN

»Sinn« in Organisationen sorgt auch dafür, dass alle an einem Strang ziehen, weil es um »die gleiche Sache« geht. Das verhindert Konflikte und Kommunikationsbarrieren bis hin zu Feindseligkeiten zwischen Abteilungen – alles Faktoren, die Energie und Kraft kosten und Ihren Erfolg behindern. Schon Carl R. Rogers, einer der großen Vordenker der modernen Psychotherapie, hat festgestellt, dass eine gestörte Kommunikation als Effizienzblocker Nummer eins gelten muss. Ursache dafür ist die menschliche Angewohnheit (man könnte es etwas weniger nett auch »Unart« nennen), Gehörtes, Gelesenes oder Gesehenes sofort zu bewerten und in Schubladen zu stecken.

Sinnorientierung zieht auch Menschen an, die mehr wollen als Geld verdienen. In Skandinavien ist man in dieser Hinsicht im Schnitt schon wesentlich weiter als hierzulande. Ähnliches gilt für starke Arbeitgebermarken wie Google.

ORTE DER **MENSCHLICHKEIT**

Unternehmen, die sich auf allen Ebenen als »Orte der Menschlichkeit« verstehen, richten sich nach den Menschen, die dort arbeiten. Sie gewähren ein hohes Maß an Freiheit, Flexibilität und Individualität, kombiniert mit einem starken Wir-Gefühl. »Individualität für das große Wir« ist das Schlagwort, das all das gut zusammenfasst. Älteren Generationen wird es fast ein wenig utopisch vorkommen, aber ja: Arbeit soll glücklich machen.

Und das geht! Meine eigenen Erfahrungen in Dänemark, Finnland und Schweden zeigen immer wieder: Wo sich die Arbeit nach den Menschen richtet, arbeitet man freier, glücklicher, kreativer und harmonischer. Und damit immer auch effektiver und profitabler.

> **》Wer das, was er tut, liebt, braucht im Leben keinen Tag mehr zu arbeiten.《** Konfuzius

AUF DEM **WEG** ZU EINER **MENSCHENZENTRIERTEN, FREUNDLICHEN** ORGANISATION

Der erste Schritt dazu ist eine Umkehrung der Denkrichtung. Denken Sie von hinten! Sie wollen zufriedene Gäste, Kunden, Patienten, Klienten ... – das ist das Ziel. Um Ihre Gäste zufrieden zu machen, brauchen Sie zufriedene Mitarbeiter. Und damit Ihre Mitarbeiter zufrieden sind, müssen Sie selbst zufrieden sein, als Chef, Inhaber, Führungskraft. So entwickelt sich eine ganz neue Unternehmenskultur.

Unternehmenskultur ist ein schwer fassbarer Begriff, aber Führung und Kultur sind immer miteinander verbunden und stellen die Basis für Zufriedenheit und Erfolg. Hier hat die Hospitalitybranche schon seit langer Zeit die Nase vorn, oft ohne sich dessen bewusst zu sein.

○ ... gab es immer schon flache Hierarchien und Teamarbeit.
● ... haben wir fast immer direkten Gästekontakt.
● ... stehen wir ständig auf der Bühne und werden beobachtet.
○ ... bekommen wir ständig direktes Feedback.
● ... arbeiten seit jeher viele Individualisten.
○ ... gibt es trotzdem Regeln und festgelegte Prozesse.
● ... ist Mitarbeiterförderung ein wichtiger Faktor (viele engagierte Branchenfremde als Mitarbeiter).

Gerade deshalb können alle anderen Branchen tatsächlich von uns lernen.

VON HINTEN **DENKEN** – **GÄSTE** UND **MITARBEITER** IM MITTELPUNKT

Sie wollen – siehe oben – von hinten denken und haben das Ziel, zufriedene Gäste zu haben, fest im Blick. Sie lösen die »Probleme« Ihrer Gäste und erfüllen ihre Wünsche – oft schon, bevor die Gäste diese Wünsche überhaupt bewusst kennen. Sie verlassen sich nicht auf anonyme Marktforschung oder Zielgruppenanalysen, sondern stellen direkt und ohne Filter die richtigen Fragen. Kurzum: Ihr Unternehmen kümmert sich um seine Gäste. Das ist die Grundlinie für alles, was Sie tun.

Doch wer ist es ganz konkret, der sich um die Gäste kümmert? Ganz richtig, es sind Ihre Mitarbeiter. Und nur wenn diese Mitarbeiter in dem Gefühl leben, als ganze Menschen wahrgenommen zu werden, sind sie in der Lage, sich um andere, eben um die Gäste, zu kümmern.

》Put your staff first, customers second, and shareholders third.《 Richard Branson

Das heißt für Sie als Unternehmer und/oder Führungskraft: Sie müssen genau das leisten. Sie müssen Ihre Mitarbeiter sehen, hören, wahrnehmen. Sie haben es mit Menschen zu tun, die ein Privatleben haben, die sich in Ihrem Unternehmen und mit den Kollegen mehr oder weniger wohl und glücklich fühlen, die Sorgen haben, Hobbys pflegen, eine Familie versorgen ...

Wenn Sie Ihre Mitarbeiter so wahrnehmen – wirklich wahrnehmen, auch mal nachfragen, Persönliches zur Kenntnis nehmen und sich merken –, dann können Sie im Grunde genommen gar nicht mehr mit einer klassischen Hierarchie arbeiten. Dann müssen Sie vom Denken in Kategorien wie oben oder unten zum Netzwerkdenken übergehen.

Übrigens: Neunzig Prozent aller Führungskräfte stellen selbst Netzwerke in Form klassischer Hierarchiediagramme dar. Wer sich davon verabschiedet, wird mit einigen Übergangsschwierigkeiten zu kämpfen haben. Aber wenn man das Denken in Netzwerkstrukturen lernt, übt und lebt, dann stellt sich bald ein neues Gleichgewicht ein, und zwar genau dann, wenn die beteiligten Menschen die neue »Aufstellung« verstanden haben und daran glauben, dass »es« funktioniert.

BEHANDLE DEINE LEUTE RICHTIG

Wenn Sie Ihre Leute richtig behandeln, werden sie Ihre Kunden richtig behandeln, und das führt dazu, dass Ihre Kasse klingelt. Wie Sie das schaffen? Sie müssen vier menschliche Systeme integrieren: Rekrutierung, Aus- und Weiterbildung, Leistungsmanagement, Karriereplanung.

● Ihre Mitarbeiter sind nicht die wichtigste Ressource Ihres Betriebs, sie sind Ihr Betrieb. Das heißt: Sie brauchen die richtigen Leute. Nehmen Sie sich Zeit für achtsame Einstellungsgespräche.

◖ Mit effektiver Aus- und Weiterbildung sorgen Sie für einen guten Start und helfen Ihren Leuten, zu wachsen.

● Mit effektivem Leistungsmanagement helfen Sie Ihren Leuten, wenn sie es brauchen, sodass sie ihre Ziele erreichen und der Organisation Gewinn bringen.

● Tägliche Wahrnehmung und das Feiern von guten Leistungen inspiriert Ihre Mitarbeiter und schafft Konzentration aufs Wesentliche.

◖ Wenn Ihre Leute weitermachen sollen, müssen sie wachsen. Karriere- und Zukunftsplanung hören nie auf.

● Geben Sie der Arbeit Sinn und den Menschen Persepektiven.

VERÄNDERN UND VEREINFACHEN

Wenn Sie sich von klassischen Hierarchien verabschieden wollen, wird das ein Prozess sein, der am Anfang Mühe macht. Einfacher ist es in einem neuen Unternehmen, wo es noch keine eingefahrenen Strukturen gibt. Aber machbar ist es in jedem Fall. Einige erste Schritte sind dazu nötig und bringen Sie ein gutes Stück weiter. Grundsätzlich gilt: Der Arbeitsplatz muss so gestaltet sein, dass die Arbeit Spaß macht.

Sorgen Sie für ein Höchstmaß an Flexibilität. Sie fordern viel von Ihren Mitarbeitern, also müssen Sie auch geben. Flexibilisieren Sie die Arbeitszeiten, auf Tages-, Wochen-, Jahres- und Lebenszeitbasis. Konkret: Es wird Mitarbeiter geben, die am Vormittag besser einsetzbar sind als am Abend. Oder umgekehrt. Eine Mitarbeiterin, die tagsüber zu Hause gebraucht wird, kann möglicherweise am Abend eingesetzt werden und mit Spaß und guter Laune ihren Dienst tun. Manche Mitarbeiter haben aus familiären oder anderen Gründen Probleme mit Wochenendarbeit, andere sind gerade dafür dankbar. Und ältere Mitarbeiter oder solche, die mitten in der Familienphase stecken, sind unter Umständen froh und sehr einsatzfähig, wenn man ihre besonderen Bedürfnisse berücksichtigt. Klar ist aber auch, dass die Flexibilität ihre Grenzen dort findet, wo es um den Dienst am Menschen geht. In einem Krankenhaus, bei der Polizei, aber auch in einem Hotel muss einfach jederzeit jemand ansprechbar und »hilfsbereit« ein.

Ein ähnlich wichtiger Punkt sind Pausen. Sprechen Sie mit Ihren Mitarbeitern, welche Form von Pausen sie bevorzugen. Das gilt für die Zeiten ebenso wie für das Umfeld. Ein trübsinniger »Sozialraum« kann einem die längste Pause verleiden.

Für viele Bürokräfte ist die Möglichkeit, im Homeoffice zu arbeiten, ungeheuer attraktiv. Achten Sie dabei darauf, dass dort, wo gearbeitet wird, die Bestimmungen des Arbeitsschutzes eingehalten werden. Selbstverantwortung darf – das gilt zeitlich wie mit Blick auf die Ausstattung des Arbeitsumfeldes – nicht in Selbstausbeutung ausarten.

Bieten Sie Komfort an: Ein richtig gutes Mitarbeiteressen, von dem Kollegen im Restaurant gekocht, ist ein Zeichen von Wertschätzung für alle und nebenbei auch noch gesünder als irgendwelches Fast Food (auch wenn es inzwischen sehr gutes Fast Food gibt). Wenn Sie die räumlichen Möglichkeiten dazu haben, bieten Sie die Gelegenheit zu einem Nickerchen in der Pause. Auch das ist ein Zeichen von Wertschätzung für die Leistung Ihrer Mitarbeiter. Und damit ein Zeichen von Freundlichkeit. Unternehmen wie Google oder viele skandinavische Organisationen zeigen, dass das möglich ist, ohne dass die Arbeitsleistung darunter leidet. In dieser Hinsicht können sie echte Vorbilder sein.

In vielen Unternehmen wird gerade aktuell die »Gastronomie in der Firma« zum großen Thema. Die Betriebsrestaurants z.B. von Google, Adidas und Roche müssen sich hinter Spitzenrestaurants »da draußen« nicht verstecken. In der Hospitalitybranche haben wir alle Möglichkeiten, hier zu punkten. Informelle Kommunikationsflächen mit Kaffee, Tee, Snacks dürften für uns überhaupt kein Problem sein.

Jeden Tag neu

Noch eine Geschichte aus New York. Zu Beginn meiner Trendreisen habe ich auch für Magazine und New York-Reiseführer geschrieben. Bei einer dieser Gelegenheiten habe ich mir das vornehme St. Regis-Hotel zeigen lassen, ein Fünf-Sterne-Superior-Haus. Der Direktor ging mit mir auch in den Personalspeiseraum. Ich war sehr beeindruckt: Dieser Speiseraum sah aus wie ein richtiges Restaurant. Und an den Wänden hingen die Auszeichnungen, die das Haus bekommen hatte. Ich fragte ihn, warum das so gehandhabt wird. Die Antwort: Wir wollen, dass es unseren Mitarbeitern gutgeht. Nicht nur unsere Gäste sollen ein gutes Erlebnis haben, sondern auch die Mitarbeiter.

Und warum hingen die Auszeichnungen an einem Platz, wo sie kein Gast zu sehen bekommt? Die Antwort fand ich großartig. Hier drinnen sollen unsere Mitarbeiter sie sehen und immer wieder stolz auf das Erreichte sein. Aber draußen, am Gast, müssen wir jeden Tag neu volle Leistung bringen und zeigen, wie gut wir sind. Die Auszeichnungen der Vergangenheit nützen dem Gast gar nichts.

Zusammenkommen ist ein Beginn, Zusammenbleiben ein Fortschritt, Zusammenarbeiten ein Erfolg. Henry Ford

Begegnung mit Danny Mayer

Bevor ich vor Jahren in Frankfurt mein Restaurant NYC eröffnete, habe ich in New York recherchiert und mit Restaurantinhabern und Küchenchefs gesprochen. Sie haben mir auch geholfen, meine Rezepturen zu überarbeiten. Tatsächlich sind einige richtige Freundschaften auf diesem Weg entstanden. Meine Idee: das Beste aus der amerikanischen Hospitality und die besten amerikanischen Produkte in Deutschland zu etablieren: Gourmet-Burger, einen fantastischen Cheesecake und so weiter. Mit den Produkten war es kein Problem, aber wir taten uns doch ein wenig schwer, den amerikanischen Spirit so richtig rüberzubringen. Ein Mitarbeiter namens William, der aus den USA stammte, brachte mir dann ein Manual mit. Er berichtete mir, er habe in New York gearbeitet, und zwar in einem Lokal namens Gramercy Tavern, und dies sei das Regelwerk für die Mitarbeiter dort. Als ich es mir durchlas, war ich sehr inspiriert. Das Manual wurde zur Grundlage aller meiner Mitarbeiterhandbücher. Ich wusste aber gar nicht, wie viel Glück ich gehabt hatte, es in die Hände zu bekommen. Denn das Gramercy Tavern gehörte einem damals noch nicht so bekannten Gastronomen namens Danny Mayer. Heute kennt ihn in der Branche praktisch jeder, er ist einer der besten und bekanntesten Gastronomen in den USA. Sein Union Square Café wurde 20 Jahre hintereinander zum beliebtesten Restaurant von New York City gewählt.

Ein Punkt, der mich besonders begeistert hat: Danny Meyer nimmt sich besonders derjenigen Gäste an, die allein ins Lokal kommen. Diese Gäste befürchten ja oft (und leider manchmal zu Recht), am »Katzentisch« zu landen. Danny Mayer sagt: Macht es gerade umgekehrt. Dieser Gast kommt nicht, weil er eine Begleitung beeindrucken will, weil er ein Geschäft abschließen will oder mit Freunden etwas zu feiern hat. Er kommt ganz bewusst zu uns – weil er unser Essen und unseren Service liebt bzw. kennenlernen will.

Als ich das Gramercy Tavern besuchte, nur um es mal gesehen zu haben – ich wollte gar nichts dort essen – kümmerte man sich großartig um mich. Es ist so, als wäre jeder Mitarbeiter dort wie Danny Mayer und hätte seine Gastfreundschaft in sich aufgesogen. Um das zu erreichen, muss der Chef seine Leute gut behandeln. Über dieses Erlebnis bin ich auch auf die Spur des Konzepts von »Servant Leadership« gekommen.

EINE AGILE
ORGANISATION
SCHAFFEN

Bei so viel Flexibilität und Individualisierung, bei so viel Vereinfachung und Abflachung von Hierarchien sind wir schon im nächsten Thema angekommen. Und hier wird es jetzt wieder ganz sachlich-fachlich. Denn darauf läuft es hinaus: Arbeiten Sie nach den Prinzipien der agilen Organisation.

Was heißt das genau? Viele Unternehmen wandeln sich heute, in Zeiten starker Digitalisierung und Teamorientierung zu sogenannten agilen Unternehmen. In der Hospitalitybranche sind zahlreiche Attribute dieser »neuen« Unternehmensform schon lange Gang und Gäbe.

Hintergrund der allgemeinen Entwicklung ist, dass klassische, »stabile« Organisationsformen mit den heutigen turbulenten Veränderungen des Umfelds nicht mehr gut zurechtkommen. Agile Organisationen haben flachere Hierarchien, sind teamorientiert und haben meist folgende Attribute:

* Schnelligkeit
* Anpassungsfähigkeit
* Flexibilität
* Vernetzung
* Vertrauen
* Selbstorganisation

Agile Organisationen und Teams brauchen aber trotzdem Regeln, klare Prozesse und Führung. Dazu kommen wir ganz praktisch noch im vierten Kapitel dieses Buchs. Hier soll es zunächst um die wichtigsten Grundregeln gehen – und um die dazu passende Form der Führung.

SERVANT LEADERSHIP – DIE FÜHRUNGFORM AGILER UNTERNEHMEN

Eine ideale Führungsform für agile, menschenzentrierte Unternehmen nennt sich »Servant Leadership«. Wörtlich übersetzt heißt das: dienendes Führen. Dieser Führungsansatz wurde von Robert Greenleaf entwickelt und gehört heute zum Grundbestand der Führungsforschung. Grundsätzlich beschreibt dieser Ansatz die Arbeit von Führungskräften als einen Dienst an den Geführten. Der Gegensatz dazu wäre herrschendes Führen, also das Ausleben von Macht, die eine bestimmte Position verleiht.

⟫ Dienen und Vorbild sein

In Frankfurt gibt es die Große Bockenheimer Straße, die im Volksmund auch »Fressgass« genannt wird, weil es dort so viele Lokale und Feinkostgeschäfte gibt. Ein Restaurant dort war die »Tomate«, ein Italiener für jedermann, groß und mit Garten in einer Toplage. Geführt wurde es von einem jungen Italiener, der sich oft im Eingangsbereich aufhielt, die Gäste begrüßte, sich um die Mitarbeiter kümmerte – ein guter Gastgeber eben. Einer mit Überblick.

Als wir eines Tages dort aßen, befand sich auf dem Boden vor der Theke ein großer, klebriger Fleck; vermutlich war irgendein zuckerhaltiges Getränk ausgelaufen. Er sagte Bescheid, aus der Küche kam eine Hilfskraft mit Eimer, Schrubber und Lappen, wischte schnell durch und wollte wieder verschwinden.

Der junge Mann kam dazu, ging ein paar Schritte über den Fleck, stellte fest, dass er immer noch klebte, und sagte zu der Küchenhilfe: »Kleinen Moment, bitte.«

Er zog das Sakko seines schicken Anzugs aus, reichte es der Küchenhilfe, nahm die Reinigungsgeräte und putzte die Stelle richtig sauber. Dann ging er wieder drüber, es klebte nichts mehr, reichte der Küchenhilfe die Gerätschaften, nahm sein Sakko, sagte: »Vielen Dank«, und das war's.

Ich glaube, die Lektion für die Küchenhilfe und auch für die anderen Mitarbeiter war unglaublich groß. Dabei fiel kein böses Wort, niemand wurde bloßgestellt oder verlor sein Gesicht.

Was aus diesem jungen Mann geworden ist? Fabio Giacobello ist heute Besitzer eines großartigen und sehr erfolgreichen Restaurants in Wien, des »Fabio's« in den Tuchlauben. Und er ist immer noch ein ganz großartiger Gastgeber.

»Ein Servant Leader liebt Menschen und möchte ihnen helfen.« Kent Keith

Jeder ist ein VIP

In einem meiner Betriebe hatte ich eines Abends einen ganz besonderen Gast. Ich machte noch ein Briefing mit den Mitarbeitern und fragte meine Leute, wie können wir mit ihm umgehen, damit er ein besonderes Erlebnis bei uns hat? Die Mitarbeiter hatten jede Menge Ideen zur Begrüßung, zum Sehen und Wahrnehmen seiner Bedürfnisse. Aufmerksamkeit, Freundlichkeit, Sich-Kümmern waren die Stichworte. Am Ende des Briefings sagte ich zu ihnen: Ich muss mir das alles unbedingt merken. Und ich möchte, dass wir von heute an jeden einzelnen Gast genau so behandeln, wie ihr es euch jetzt überlegt habt. Denn jeder Gast, der zu uns kommt, ist ein VIP und muss auch so behandelt werden.

Der Ansatz der Servant Leadership richtet jede Führungstätigkeit auf die Interessen der Geführten aus. Helfen und das Befriedigen von Bedürfnissen stehen dabei im Mittelpunkt. Für Greenleaf gelten Bescheidenheit, persönlicher Mut, Versöhnlichkeit und Verantwortung als Grundlagen jeder erfolgreichen Führung. Andere Autoren, die seinen Ansatz weitergeführt haben, fassen die notwendigen Voraussetzungen noch ausführlicher zusammen.

In ihren Augen brauchen Servant Leaders vor allem zehn Fähigkeiten, die von einem entscheidenden Faktor zusammengehalten werden: emotionaler Intelligenz.

- Sie müssen zuhören können und es auch tun. Gemeint ist ein aktives Zuhören, was andere zu sagen haben, ohne deren Äußerungen laut oder innerlich/leise zu kommentieren.
- Sie müssen empathisch sein, d. h. Sie müssen in der Lage sein sich in einen anderen Menschen hineinzuversetzen – durch Zuhören und Nachdenken.
- Sie müssen in der Lage sein, anderen zu helfen. Greenleaf spricht in diesem Zusammenhang sogar von Heilung, Verwandlung, spiritueller Hilfestellung.
- Sie müssen achtsam sein, wenn es um Ihre eigenen Gedanken und Handlungen geht, um die Wirkung Ihres Verhaltens auf andere.
- Sie müssen überzeugend sein und danach streben, Kompromisse und Harmonie herzustellen, ohne andere »über den Tisch zu ziehen«.
- Sie müssen in Konzepten denken können. Nur wer über seine täglichen Herausforderungen und Aufgaben hinausblickt, kann mit weitem Horizont führen.
- Sie müssen Weitsicht besitzen, aus Erfahrungen lernen und zukunfts-orientiert denken.
- Sie müssen aus tiefstem Herzen Dienstleister sein. Und das heißt: Sie müssen die Bedürfnisse anderer Menschen zu Ihrer ersten Priorität machen.
- Sie müssen sich dem inneren Wachstum aller Beteiligten in Ihrer Organisation verpflichtet fühlen.
- Sie müssen gemeinschaftsorientiert denken und die menschlichen Beziehungen in Ihrer Organisation fördern und pflegen.

Übrigens ist die Grundidee nicht neu. Sie findet sich bereits in der Bibel, wo es heißt: »Wer unter euch am größten ist, der soll euer Diener sein.« (Matthäus 23,11) Ähnliche Prinzipien finden sich natürlich auch in den anderen Religionen, nicht zuletzt im Islam. Und bereits Friedrich der Große hat in seinem politischen Testament von 1752 als Prinzip formuliert: »Der Herrscher ist der erste Diener des Staates.«

Konkret heißt das für Sie auf dem Weg zu einem freundlichen, menschenzentrierten Unternehmen: Denken Sie Führung nicht mehr hierarchisch – ich oben, du unten –, sondern in dem Sinne, dass Führender und Geführter einander bedingen und spiegeln. Aus Ihrer Führungsperspektive stellt sich immer wieder neu die Frage: »Wie kann ich meine Mitarbeiter so führen, dass sie die Chance haben, sich persönlich zu entwickeln und ihr Potenzial zu entfalten?« Ziel ist dabei das Erreichen eines gemeinsamen Ziels: Ihre Gäste glücklich zu machen.

Hier schließt sich dann übrigens auch der Kreis zur agilen Organisation. Denn für ein gut gelingendes dienendes Führen im Sinne einer Servant Leadership brauchen Sie eine sehr, sehr offene Unternehmenskultur. In geschlossenen Systemen (Extrembeispiele wären Militär und Behörden) lässt sich Servant Leadership nicht leben, und wer es doch versucht, wirkt bestenfalls skurril und wird im schlimmsten Fall krachend scheitern. Sie brauchen dazu, genau wie Ihre Mitarbeiter, Offenheit und Freiräume.

VERANTWORTUNG UND VERTRAUEN GEBEN

Wir haben jetzt schon viel über Offenheit und Freiräume gesprochen. Im aktiven Handeln wird die Sache konkret. Und das geht nur auf Augenhöhe mit den Mitarbeitern. Flache Hierarchien gehen mit Vertrauen und Zutrauen einher. Und beides entlastet nebenbei die Teamleiter und Chefs.

Die Übertragung von Verantwortung und Vertrauen kann auf den verschiedensten Ebenen geschehen. Eine Möglichkeit ist die Übertragung eines Budgets. Und damit meine ich jetzt nicht (nur) die große Budgetverantwortung eines Einkäufers im Restaurant, sondern auch Verantwortung im kleinen Rahmen.

So haben beispielsweise die Mitarbeiter im Ritz Carlton ein eigenes Budget. Wenn in einem Zimmer etwas nicht zur Zufriedenheit des Gastes ist, wenn im Service etwas schiefläuft, wenn im Restaurant ein Fehler unterläuft … die Mitarbeiter haben die Möglichkeit, aus diesem Budget schnell und ohne das peinliche »Da muss ich erst den Chef fragen« für Ersatz zu sorgen, Freude zu machen, den Gast versöhnlich zu stimmen. Das sorgt auf der einen Seite für eine extrem hohe Gästezufriedenheit. Es macht auf der anderen Seite aber auch die Mitarbeiter stolz, wenn sie ein Problem unkompliziert regeln können. Und es entlastet die Führungskräfte, die sich nicht in jede Kleinigkeit einschalten müssen (was ja sehr viel Zeit und Energie kostet).

>> Vertrauen ist für alle Unternehmungen das Betriebskapital, ohne welches kein nützliches Werk auskommt. << Albert Einstein

Wohlwollen spielt dabei eine extrem große Rolle. Aber es geht auch hier nicht ums Nettsein, sondern um echte Menschenfreundlichkeit. Und das heißt: Sie müssen dafür sorgen, dass alle Ihre Mitarbeiter ihre Stärken ausleben können und dass sie ganz konkret in ihren Stärken gefördert werden.

STÄRKEN FÖRDERN

Die Talente der zukünftigen Generationen können Sie nicht managen, sondern nur fördern. Dazu müssen Sie als Führungskraft diese Talente aber erst einmal erkennen. Und um das tun zu können, müssen Sie hinschauen, hinhören, Menschen auf eine freundliche Weise wahrnehmen. Achtsamkeit hat schon vom Wortsinn her mit Achtung zu tun.

Und Sie müssen die Fähigkeit haben, die richtigen Leute an der richtigen Stelle einzusetzen. Es bringt nichts, jemanden, der überhaupt kein Zahlenverständnis hat, auf immer neue Schulungen zu schicken, um aus ihm einen brauchbaren Buchhalter oder Controller zu machen. Schauen Sie sich den Menschen an. Wo liegen seine Stärken? Braucht er vielleicht einen ganz anderen Einsatzbereich? Hören Sie zu, schauen Sie hin – und nehmen Sie die Menschen bei allen Entscheidungen, die sie ganz konkret und persönlich betreffen, unbedingt mit.

Talente brauchen ein inspirierendes Umfeld, sollten aber nicht ständig mit neuen Reizen überflutet werden. Ideen und Fähigkeiten entstehen in Ruhe und einer gewissen Ordnung. Die Hospitalitybranche schafft diese Faktoren für ihre Gäste, damit sie sich wohlfühlen. Es sollte ein Leichtes sein, eine ähnliche Atmosphäre auch für die Mitarbeiter zu schaffen.

Ähnliches gilt für den gesamten Bereich der Förderung. Wenn man im Job ist, braucht man irgendwann neue Herausforderungen, das ist klar. Aber bewahren Sie auch dabei bitte Ruhe. »Befördern« sollten Sie einen

Mitarbeiter erst dann, wenn er bewiesen hat, dass er auch andere fördern kann, beispielsweise bei der Einarbeitung neuer Kollegen.

Mit Vertrauen die richtigen Leute finden

Im Londoner »Citizen M« findet man ein sehr freundliches und einander unterstützendes Team. Warum ist das so? In diesem Konzept, das schon seit Jahren Abläufe digitalisiert hat, muss in vielen Bereichen die Qualifikation nicht sehr tief sein. Das führt dazu, dass Mitarbeiter die Aufgaben und den Einsatzbereich wechseln können. Sie werden on the job angelernt, in ihren Stärken gefördert, bekommen einen Paten, gehen durch alle Abteilungen und werden sehr bald zu vielfältig einsetzbaren Mitarbeitern.

Auf meine Frage nach dem Geheimnis dahinter erfuhr ich: Es gibt bei einer Bewerbung ein erstes Gespräch mit dem Vorgesetzten, wie üblich. Das zweite Gespräch jedoch findet mit den Kollegen statt. Und diese Kollegen, die mit dem »Neuen« arbeiten müssen, haben das letzte Wort. Nur wenn sie sich positiv entscheiden, wird der Bewerber eingestellt.

LOBEN, LOBEN, LOBEN

Die wichtigste Technik, um Mitarbeiter zu fördern und ihre Stärken zu entwickeln, ist so einfach, dass ich mich fast nicht traue, sie Ihnen hier vorzustellen. Ich tue es trotzdem, weil ich sehr genau weiß, wie häufig sie vernachlässigt und nicht angewandt wird. Ich spreche vom Loben.

Wenn ich mit meinen Kindern zu tun habe, erlebe ich immer wieder, wie weit ein Lob trägt. Es lässt Kinder wachsen, sich entfalten, sie wollen es beim nächsten Mal noch ein bisschen besser machen. Wenn ich lobe, sorge ich für Bewegung, in der Regel auf das angepeilte Ziel zu. Wenn ich nur auf Schwachpunkten herumhacke, sorge ich nur für Stillstand.

Man muss Menschen mögen. Roland Mack

⟫Komm, wir gehen loben

Tony Hughes, damals Direktor einer der größten Gastro-Firmen Englands, habe ich an der University of Florida bei Sommerkursen in Multi Unit Restaurant Management und Leading Management kennengelernt. Er erzählte mir, dass er als junger Restaurantmanager einmal Besuch von seinem Vorgesetzten bekam. Der Mann betrat sein Büro, wo er gerade saß, und sagte zu ihm: »Tony, jetzt gehen wir mal durch deinen Betrieb, erwischen Menschen dabei, wenn sie etwas gut machen, und loben sie.«

Das ist das absolute Gegenteil der Art, wie man im deutschsprachigen Raum mit Mitarbeitern umgeht. Hier herrscht leider immer noch der Spruch: »Nicht geschimpft ist gelobt genug.« Falsch! Laut loben, diskret kritisieren – das ist das Geheimnis des Erfolgs. So geht Mitarbeiterförderung in einer agilen Organisation mit flachen Hierarchien. Alles andere ist einfach nicht gut genug.

Übrigens muss man nicht nur mit Worten loben – obwohl das sicher immer dazugehört. Man kann es auch auf materiellem Wege tun. Dazu kann ich Ihnen noch zwei Geschichten erzählen.

⟫Vorschusslob

Vor vielen Jahren gab es in einem Café, in dem ich gelegentlich war, eine Bedienung, die zwar ausgesprochen hübsch war, aber nicht – nun, sagen wir einmal – durchgehend freundlich. Ich hatte das Gefühl, mich hatte sie irgendwie besonders auf dem Kieker. Egal: Wenn man es ganz genau nimmt, handelte es sich ganz einfach um schlechten Service.

Einmal habe ich ihr bei zwei Getränken zum Gesamtpreis von 6,50 ein prozentual recht kräftiges Trinkgeld gegeben, indem ich auf 10 Euro aufgerundet habe. Das war deutlich mehr als die 10 bis 15 Prozent, die üblich und auch angemessen sind. Mein Kommentar dazu: »Ich finde es toll, dass Sie so einen guten Service machen. Das freut mich jedes Mal, wenn ich hier bin.«

Sie ging mit dem Trinkgeld weg, eher nachdenklich, weil ihr wohl klar war, dass ihr Service nicht wirklich berauschend war. Vielleicht hatte sie private Probleme und war deshalb oft nicht so gut drauf – man kann sich im Gastronomie-Service ja nicht verstecken, wenn es einem mal nicht so gut geht. Man steht immer »im Rampenlicht«.

Am nächsten Tag kam ich wieder in das Café und hatte eine fantastisch freundliche Bedienung. Innerlich war wohl in ihr der Wunsch gewachsen, meine Erwartungen und mein Lob mit Leben zu füllen. Von da an jedenfalls verhielt sie sich mir gegenüber wie ausgewechselt.

Und gleich noch eine Geschichte: Während meiner Zeit bei United Artists gab es einmal ein Sommerfest für die Deutschlandmitarbeiter, das auf einem Schiff auf dem Main stattfand. Wir waren wohl etwas mehr als hundert Personen. Die Marketingabteilung saß an einem Tisch direkt im Bug. Ein Kellner war für etwa 10 Tische zuständig und wirkte, wie bei Firmenveranstaltungen oft, nicht sehr engagiert. Mein Chef Werner Rochau, von dem ich schon erzählt habe, stand gleich zu Beginn der Fahrt auf, ging auf den Mann zu, stellte sich vor und drückte ihm einen Fünfzigmarkschein in die Hand. Dazu sagte er: »Damit Sie wissen, wo heute vorne im Boot ist.« Zu diesem Zeitpunkt hatte der Kellner noch gar keine Gelegenheit gehabt, uns auch nur ein Getränk zu servieren. Und nun bekam er schon im Voraus ein Riesentrinkgeld – normal waren zu dieser Zeit 100 bis 200 DM für das gesamte Serviceteam. Das Ergebnis: Für den Rest des Abends hatten wir einen fantastischen Service. Ich weiß bis heute nicht mehr, wie ich in dieser Nacht nach Hause gekommen bin.

Ich denke, beide Geschichten illustrieren sehr gut das Prinzip, Mitarbeiter wohlwollend und wertschätzend zu behandeln und zu guten Leistungen zu motivieren. Der positive Vorschuss, der ja mit Vertrauen verbunden war (es hätte durchaus schiefgehen können), führte dazu, dass sowohl die Bedienung im Café als auch der Kellner auf dem Schiff dem Anspruch gerecht werden wollte. Offenbar war das die richtige Taktik. Und er funktioniert eigentlich immer: Bei Mitarbeitern, Gästen, Kunden ... und bei Kindern.

TALENTE UND HALTUNG SUCHEN

Um in einer agilen, menschenfreundlichen Organisation auf freundliche Weise arbeiten, führen und kommunizieren zu können, brauchen Sie vor allem eins: die richtigen Leute. Ihre Mitarbeiter sind das A und O. Und diese

Leute brauchen die richtige Haltung und Talente, die man im Job ausbauen kann. Ein wichtiger Faktor ist dabei Begeisterung. Nur wer der Ansicht ist, dass er den tollsten Job der Welt hat, kann darin so agieren, dass er Gäste glücklich macht.

Der zweite Faktor ist die Regelung der Zusammenarbeit. Ohne klare Spielregeln gibt es keine gute Arbeit im Team, keine Harmonie, keine Kreativität und schon gar keine Freiheit.

DIE WICHTIGSTEN ELEMENTE EINER FREUNDLICHEN ZUSAMMENARBEIT

Gästeorientierung
Respekt
Anerkennung
Coaching und Unterstützung
Klare Regeln – die dennoch Freiraum lassen
Verantwortlichkeit
Exzellenz in der Ausführung
Positive Energie
Teamarbeit
Ein Teil des Ganzen sein und seinen Teil beitragen

HIRE THE SMILE, TRAIN THE SKILLS

Sie können jederzeit aus einem guten Menschen einen guten Kellner machen. Umgekehrt gilt das nicht unbedingt. Was ich damit sagen will: Wir stellen Haltung ein und trainieren Fähigkeiten.

⧽⧽Wir stellen das Lächeln ein

Mit »Sticks'n'Sushi« haben Thor Andersen und sein Schwager Kim Rahbek enormen Erfolg, sowohl zu Hause in Dänemark als auch inzwischen in London und in

Berlin. Ich stelle immer wieder fest, dass die Mitarbeiter dort sehr gut gelaunt und freundlich sind.

Einmal habe ich die Betriebsleiterin gefragt, wie das geht. Sie sagte zu mir: »Natürlich bewerben sich Leute bei uns, weil es sich herumgesprochen hat, dass wir ein gutes Betriebsklima haben und ein cooles Restaurant sind. Und dann rede ich mit den Leuten, und am Ende des Gesprächs bitte ich sie, die eigene Familie aufzumalen. Die meisten zieren sich dann, sagen, sie können nicht malen, aber ich sage ihnen, das macht nichts, mal einfach Strichmännchen. Wenn keiner auf diesem Bild lacht, stellen wir den Bewerber nicht ein.«

Guter Service hat mit einer positiven Einstellung Menschen gegenüber zu tun. Man kann daran manches optimieren, aber letztlich muss man diese Einstellung schon von zu Hause mitbringen. Menschen, die eine solche Grundeinstellung nicht haben, sind nicht unbedingt für die Gastronomie geeignet, schon gar nicht für den Service.

Doch wenn Sie das Lächeln eingestellt haben, dann können Sie den Rest trainieren und fördern. Und das hat Folgen, denn Ihre Herangehensweise spricht sich herum. Sie werden von jetzt an nur noch die besten und engagiertesten Mitarbeiter einstellen. Und Sie werden so gut und interessant, dass sich genau diese Leute bei Ihnen bewerben.

Und wenn Sie sich nicht sicher sind bei einem Einstellungsgespräch? Dann gibt es ein paar spannende Fragen, die Sie sich stellen können und die Ihnen vielleicht helfen zu beurteilen, ob der Bewerber vor Ihnen wirklich genau richtig für Ihr Unternehmen und diese Aufgabe ist.

CHECKLISTE EINSTELLUNGSGESPRÄCH

Stimmt die Haltung?
Brauche ich für diesen Job eher einen Gastgeber oder einen Verwalter?
Und wen habe ich hier vor mir?
Welches Gefühl hinterlässt die Persönlichkeit des Bewerbers?
Wenn Sie nur einen Mitarbeiter in Ihrem ganzen Betrieb einstellen könnten – wäre es dieser?
Wenn Sie bei sich zu Hause eine Party mit vierzig Freunden und wichtigen Bekannten geben würden, hätten Sie diesen Bewerber gern als Bedienung im Haus? Wie würden Ihre Freunde darüber denken?

Im Zweifelsfall entscheiden Sie sich IMMER gegen den Bewerber. Das klingt jetzt hart und überhaupt nicht freundlich. Aber Sie müssen richtige Entscheidungen treffen. Planen Sie Einstellungen rechtzeitig. Kurzfristige Lösungen bergen nur allzu oft langfristige Probleme.

Auch umgekehrt wird ein Schuh daraus. Wenn Sie bei einem Bewerber, der auf den ersten Blick »schräg« wirkt, sozusagen gegen alle Vernunft ein gutes Gefühl haben, stellen Sie ihn ein. Geben Sie jungen Menschen, schrägen Menschen, Quereinsteigern eine Chance. Kein Mensch, nicht einmal die Eltern, hat auf junge Menschen und Newcomer so viel Einfluss wie ihr erster Chef. Sie können an dieser Stelle unglaublich viel Gutes bewirken.

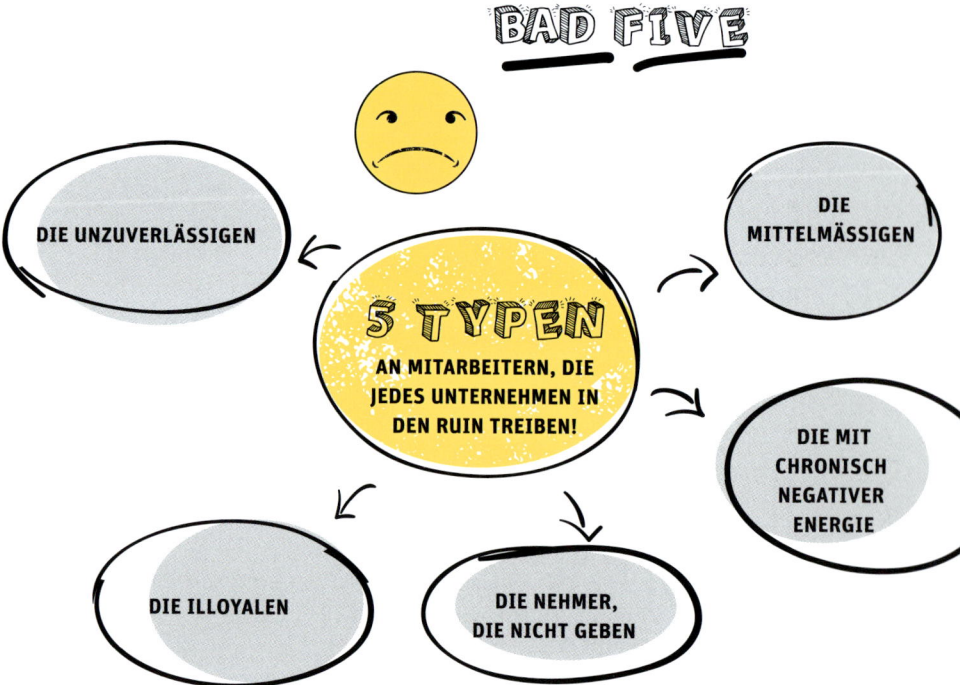

Ein Unternehmer muss herausfinden, ob sich Mitarbeiter nur kurzfristig so verhalten – und aus welchem Grund. Wenn er diese Einstellung/Haltung nicht ändern kann, muss er sich von ihnen trennen, um nicht das Team (das Unternehmen oder auch die Zielerreichung) zu gefährden.

>>Gute Leute – gute Produkte. Ein ehrliches, echtes Produkt und ein den Menschen zugewandter Service. Damit trotzen wir als Handwerksbetrieb der industriellen Konkurrenz und ihren Dumpingpreisen.<<

Martin Dries, Bäcker Dries, Rheingau

TRAINING ON THE JOB

In unserer Branche mit den vielen engagierten Quereinsteigern steht und fällt alles mit einer guten Einarbeitung neuer Mitarbeiter. Auch dafür gibt es ein paar Grundregeln, die ein freundliches Unternehmen in jedem Fall befolgen sollte.

Wer arbeitet neue Mitarbeiter ein? Nur die Besten, nicht die Lautesten. Einarbeitung ist Vertrauenssache. Lassen Sie das den Betriebsleiter oder Ihren besten Verkäufer machen. Oder machen Sie es selbst.

Außerdem sollte jeder »Neue« zwei Mentoren oder Paten haben. Warum? Weil vier Augen mehr sehen als zwei, weil sich die Paten gegenseitig in ihrer Wahrnehmung korrigieren, und weil Sie auf diese Weise vermeiden, dass sich »Teamlügen« entwickeln.

Wenige Tage nach der Einstellung sollten Sie mit dem neuen Mitarbeiter ein langes Gespräch führen. Und bei diesem Gespräch gilt wie schon zuvor: Hören Sie zu! Stellen Sie Fragen, versuchen Sie zu verstehen. Wer fragt, der führt. Solange Sie selbst reden, lernen Sie nichts dazu. Und darum geht es in diesem Gespräch. Sie wollen etwas lernen. Sie wollen herausfinden, wie es dem neuen Mitarbeiter geht, wo sie Wünsche und Verbesserungsvorschläge haben, wo sie Hilfe brauchen. Nutzen Sie diese Chance, sie kommt nie wieder.

>>Ich bin freundlich. Ich bin aufmerksam. Ich bin stolz auf meinen Job. Ich verkaufe.<< Jean Ploner, Servicetrainer und Autor

DAS SIND WIR

Von den außergewöhnlich freundlichen und gut gelaunten Mitarbeitern bei **Sticks'n'Sushi** habe ich schon berichtet. Die Restaurants und der Umgang miteinander sind genauso cool wie die dänischen Inhaber und Konzepterfinder Thor Anderson und Kim Rahbek. Für neue Mitarbeiter in diesem Konzept gibt es ein geniales Einführungshandbuch, das den »Neuen« kurz, knapp, plakativ und unmissverständlich klar macht, wie in diesem freundlichen Unternehmen miteinander gearbeitet und umgegangen wird. Das Handbuch hat nur wenige Seiten. Die wichtigsten Punkte lauten zusammengefasst:

✪ Kleines Ego: Sticks'n'Sushi braucht Mitarbeiter mit großem Lächeln und kleinem Ego. Teamplayer, die das Wir in den Mittelpunkt stellen, Menschen mit Humor, Lebenslust und einladendem Lachen. »Dann kommen Kollegen und Gäste gerne.«

✪ Gastfreundschaft: Bodenständigkeit und Zuvorkommenheit sind gefragt. Die Rolle als Gastgeber wird von allen ernst genommen. Und jeder bleibt als Mensch erkennbar.

✪ Benehmen: Gutes Benehmen, Höflichkeit, Anstand und Manieren sind Trumpf im Miteinander.

✪ Qualität: Ein kulinarisches Erlebnis entsteht aus guten Zutaten, Sorgfalt und Disziplin, Offenheit und Kreativität. Und das nachhaltig und ohne Verschwendung. »Verwöhnen, nicht vergeuden« lautet das Motto.

✪ Offline: Gute Kommunikation führt zu einem guten Klima. Dabei helfen persönlicher Kontakt, effiziente Meetings und Offline-Disziplin bei allen Besprechungen. Und Manager, die diese Form der Kommunikation fördern und einfordern.

Und am Ende des Handbuchs steht der wunderbare Satz:
»Denn für alle gilt: Was du gibst, bekommst du zurück.«

KOMMUNIKATION

Und damit wären wir auch schon beim letzten Punkt in diesem Kapitel angekommen, der Kommunikation. Er wird hier etwas kurz abgehandelt, obwohl man natürlich über Kommunikation viele dicke Bücher schreiben könnte – was ja auch ständig geschieht. Moderne, vernetzte Kommunikation ist unbedingt Teil einer agilen Organisation. Und die Modernität betrifft – ich will das ausdrücklich betonen – nicht nur die Kommunikationsmittel. Ich kann auch per WhatsApp-Nachricht eine miserable Kommunikation »machen«.

Kommunikation in einem freundlichen Unternehmen hat einen ganz bestimmten Ton. Der ist weder laut noch herrisch, sondern klar, eindeutig, transparent und an den Bedürfnissen des Gegenübers ausgerichtet.

Aber das heißt nicht, dass wir uns nur noch mit Wattebäuschen bewerfen. Es heißt auch nicht, dass wir keine klaren Entscheidungen treffen. Und es heißt schon gar nicht, dass wir uns vor lauter Nettigkeit von »Schnorrern« über den Tisch ziehen lassen. Es heißt nur: Zuhören, erst mal selbst verstehen, worum es geht, und dann reden und handeln. Klarheit, Einfachheit und Präsenz von beiden Seiten sind die Grundlage jeder guten Kommunikation.

⟫Right decision: Klare Entscheidung, klare Kommunikation

Ein Manager einer amerikanischen Firma hat mir einmal zum Thema »richtig entscheiden und kommunizieren« Folgendes gesagt: Angenommen, ein Mitarbeiter kommt zu spät. Das findet sein Vorgesetzter natürlich nicht gut und sagt ihm das auch. Damit lässt er die Sache auf sich beruhen. Doch am nächsten Tag kommt dieser Mitarbeiter wieder zu spät. Der Chef wird etwas massiver, droht Konsequenzen an. Zwei Tage später ist der Mitarbeiter wieder unpünktlich. Der Chef wird lauter, droht ein weiteres Mal Konsequenzen an. Beim vierten Mal weitere zwei Tage später wird es noch lauter, Drohungen folgen, und das alles, obwohl der Mitarbeiter immer wieder ganz wunderbare Ausreden findet.

Welche Wirkung hat das? Der Mitarbeiter weiß, er muss im schlimmsten Fall mit Geschimpfe rechnen, aber eigentlich kann er es so machen. Und alle anderen Mitarbeiter wissen, dass der Chef es mit sich machen lässt. Er verliert also

Autorität. Sowohl durch seine Unfähigkeit zu entscheiden als auch durch seine Art zu kommunizieren. Denn die ist durchgehend unklar. Er droht, ohne dass Konsequenzen folgen. Er wird laut und zeigt damit nur seine eigene Hilflosigkeit.

Will sagen: Auch in den neuen, flachen und agilen Managementformen gibt es klare Regeln, die einzuhalten sind. Jeder muss wissen, es hat Folgen, wenn die Regeln nicht eingehalten werden. Und diese Folgen – und das ist ein entscheidender Punkt – sind unvermeidbar und treten unweigerlich ein. Das wird auf allen Ebenen und zu jeder Zeit klar und deutlich kommuniziert.

Die richtige Vorgehensweise sieht so aus. Beim ersten Mal wird nachgefragt: Was war los? Gibt es nachvollziehbare Gründe für das Zuspätkommen? Kann man helfen, damit so etwas nicht wieder vorkommt? Beim zweiten Mal kann die Ansage nur noch heißen: »Ich hab dich vorgewarnt. Du kannst nach Hause gehen, dieser Tag ist Urlaub. Wenn das jemals wieder vorkommt, folgt eine Abmahnung, und damit ist dein Arbeitsverhältnis infrage gestellt.« Die Leute müssen wissen, dass Konsequenzen unvermeidbar sind.

Das heißt aber natürlich auch: Dieser Vorgesetzte muss mit einer Person weniger im Team auskommen. Vielleicht muss er selbst die Schürze anziehen, den Barjob machen, einen Job in der Küche oder im Service, vielleicht sogar den Job als Spüler. Es heißt aber auch, dass jeder im Betrieb von diesem Tag an versteht, dass er es ernst meint und verlässlich ist, dass er die Dinge regelt und dass es klare, unausweichliche Konsequenzen gibt. Klare Führung und Kommunikation mit Gerechtigkeit und einem gewissen Spaß ist immer die beste Entscheidung. Weicheier werden nicht geliebt, man nimmt sie ganz einfach nicht ernst.

1

Mach aus deinem Projekt einen Ort der Menschlichkeit.

2

Schaffe eine agile, vernetzte Organisation mit flachen Hierarchien und klaren Regeln.

3

Sei eine Führungskraft, die den Menschen dient.

4

Gib Vertrauen und Verantwortung, fördere Stärken und Talente – und lobe ständig.

5

Sorge immer für klare Entscheidungen und klare Kommunikation.

GAST-FREUND-SCHAFT ALS BASIS FÜR JEDEN ERFOLG

HOSPITALITY HEISST GASTFREUND- SCHAFT

Eins gleich vorweg: Gastfreundschaft bringt Profit. Mehr noch – nichts bringt in der Hospitalitybranche mehr Profit als Gastfreundschaft. Das freundliche, menschenzentrierte Unternehmen, das Sie schaffen und/ oder entwickeln wollen ist kein Selbstzweck, sondern dient Ihnen und anderen dazu, Geld zu verdienen. Gastfreundschaft ist ein Umsatzbringer, und mit einem hohen Maß an Gastfreundschaft, konkret mit Freundlichkeit und Emotionalität, unterscheiden Sie sich in jedem Fall von Mitbewerbern und können Ihren Profit steigern. Sie tun also nicht nur anderen etwas Gutes, wenn Sie Gastfreundschaft zur Maxime Ihres Betriebes machen, sondern auch und vor allem sich selbst.

Aber ebenso gilt: Gastfreundschaft heißt, dass Sie auf der Seite des Gastes stehen. Ehrlich bleiben, lautet die Devise. Sie machen etwas mit ihm und für ihn. Entscheidend ist dabei nicht, was Sie tun, sondern wie sich der andere fühlt. Das müssen Sie zu jeder Zeit erspüren und wahrnehmen – auch das gehört zur Gastfreundschaft.

Hospitality – nur ein anderes, englisches Wort für Gastfreundschaft – ist also ein Dialog, während Service ein Monolog ist. Gastfreundschaft ist nichts Neues, sie hat ihre Traditionen und Regeln in der Geschichte und auch in fast allen Religionen. In alten Zeiten war Gastfreundschaft ein so hoher Wert, dass der Gastgeber sogar verpflichtet war, seinen Gast gegen Angreifer zu verteidigen.

Womit wir beim Gastgeber wären. Denn Gastfreundschaft muss gelebt werden. Und um gelebt zu werden, braucht sie eine reale Person, die sie lebt, eben einen Gastgeber. Das kann der Inhaber eines Hospitality-Betriebs sein, aber im Grunde genommen muss sich diese Eigenschaft auf jeden einzelnen Mitarbeiter des Betriebs übertragen. Um Gastfreundschaft richtig zu leben, brauchen Sie ein Team, in dem jeder Einzelne Gastgeber ist, sich dessen bewusst ist und sich auch entsprechend verhält. Was das ganz konkret und im Detail heißt, dazu kommen wir gleich. Hier soll zunächst von den Grundsätzen die Rede sein. Und der wichtigste Grundsatz lautet: Wenn Ihre Mitarbeiter sich so verhalten sollen, dann müssen Sie sie erst einmal anständig behandeln.

ECHT SEIN

Eins der wichtigsten Merkmale eines guten Gastgebers ist seine Herzlichkeit. Und die kann man niemandem beibringen, die muss schon genau daher kommen, worauf der Begriff hindeutet: von Herzen. Da bringt es gar nichts, wenn jedem Gast ein angelerntes »Have a nice day« oder »Gerne« entgegengenuschelt wird, womöglich noch garniert mit einem Lächeln, das nur die Mundwinkel in Bewegung bringt, aber nie die Augen erreicht. Gastfreundschaft muss echt und authentisch sein. Das spüren Sie selbst, das spüren die Kollegen, und vor allem: Das spüren Ihre Gäste. Und wenn sie Herzlichkeit spüren, dann fühlen sie sich willkommen, erwünscht, gewollt. Dann haben sie Lust, bald wiederzukommen. Je mehr Mühe Sie sich geben, (gast)freundlich zu sein, desto mehr bekommen Sie von Ihren Gästen zurück. Diese Belohnung macht stolz und glücklich, sie motiviert und spornt dazu an, so oder noch besser weiterzumachen. Freundlichkeit steckt an!

Besonders entscheidend dafür sind der erste und der letzte Eindruck. Legen Sie also auf die Begrüßung und die Verabschiedung einen Extraschwerpunkt. Das muss Ihnen selbst klar sein, aber auch jedem einzelnen Mitarbeiter. Und so sehr diese Haltung aus dem Herzen kommt, man muss sie Mitarbeitern manchmal erst bewusst machen. Gerade jüngere Mitarbeiter und Teams brauchen dazu oft einen Anstoß. Dazu reicht es aber manchmal schon, den Mitarbeitern zu sagen, sie sollen sich den Gästen gegenüber so verhalten wie bei privaten Gästen zu Hause. Das wirkt.

Auch hier gilt wieder: Herzlichkeit und Freundlichkeit sind kein Selbstzweck. Sie machen denjenigen glücklich, der sie ausstrahlt, aber auch denjenigen, dem sie entgegengebracht werden. Und gerade deshalb sind sie ein entscheidendes Instrument, damit Gäste den Wunsch entwickeln, wiederzukommen.

Kunden spüren Gastfreundschaft, Wohlwollen und Großzügigkeit. Nur so können wir sie gewinnen – auf Dauer und immer wieder. Treue der Kunden, neudeutsch auch Customer Loyalty genannt, ist ein hohes Gut. Aber sie ist keine Selbstverständlichkeit, sondern muss immer wieder neu gewonnen werden. Dann kommen die Kunden nicht nur selbst wieder, sie empfehlen Ihren Betrieb auch weiter. Und die persönliche Empfehlung ist und bleibt das wichtigste Marketinginstrument, das Sie haben. Nebenbei bemerkt: Im digitalen Zeitalter ist dieses Empfehlungsmarketing extrem schnell und transparent geworden. Es kann gut sein, dass ein Gast noch während seines Besuchs bei Ihnen eine Bewertung postet. Aufgabe des Service ist es, dafür zu sorgen, dass der Gast das Bedürfnis hat, so schnell wie möglich wiederzukommen.

> »Ich habe festgestellt, dass Menschen vergessen, was man sagt und was man tut, aber nie, wie sie sich dabei gefühlt haben.« Maya Angelou

SPRACHE UND KOMMUNIKATION

Der österreichische Psychotherapeut, Philosoph und Buchautor Paul Watzlawick hat den berühmten Satz geprägt: »Man kann nicht nicht kommunizieren.« Das trifft auch auf unser Thema Gastfreundschaft zu. Sie und Ihre Mitarbeiter kommunizieren ständig mit den Gästen, auf welche Art auch immer. Dann können Sie es doch auch gleich »richtig« machen …

Der alles entscheidende Faktor ist eine wohlwollende, positive Sprache. Fast alles kann man immer noch ein bisschen besser sagen. Fast nie muss man einen Satz mit einem Nein beginnen. Es gibt *immer* – darauf beruht auch die Theorie von Marshall B. Rosenberg zur gewaltfreien Kommunikation – eine Möglichkeit, die Worte freundlicher zu wählen.

Doch Sprache allein macht es nicht. Was Sie brauchen und trainieren müssen, ist Einfühlungsvermögen. Was das heißt?

- *Sie hören zu, ohne das Gehörte – und denjenigen, der es äußert – zu bewerten.*

- *Sie machen sich klar, dass Sie nicht für die Gefühle anderer Menschen verantwortlich sind, sondern nur für Ihre eigenen.*

- *Sie sorgen dafür, dass es dem anderen gutgeht. Dann geht es Ihnen auch gut.*

- *Aber Sie sind sich auch Ihrer eigenen Wünsche, Gefühle und Bedürfnisse bewusst und bringen sie zum Ausdruck.*

- *Und schließlich: Sie kommunizieren so, dass Spannungen bereits im Vorfeld vermieden werden und Konflikte, wenn sie denn doch einmal auftreten, gelöst werden.*

VOM **UMGANG** MIT **GÄSTE-FEEDBACK** UND **REKLAMATIONEN**

Ein wichtiges Feld, auf dem die Bedeutung von Sprache und Kommunikation besonders gut zu beobachten ist, ist der Umgang mit Reklamationen und Beschwerden. Dieser Bereich ist auch deshalb so wichtig, weil eine gute Behandlung von Reklamationen zu einem Höchstmaß an Gästezufriedenheit und damit Gästetreue führt.

Wie eine gute Behandlung von Reklamationen geht? Ich schlage Ihnen fünf Schritte vor.

1. Eine Grundregel, von der in diesem Buch schon öfter die Rede war, lautet: IMMER erst zuhören, bevor man selbst etwas sagt. Das gilt übrigens auch, wenn die Beschwerde länger dauert und/oder in aufgeregtem Ton

vorgetragen wird. Der Gast ärgert sich, vielleicht schon länger, in ihm hat sich Druck aufgebaut, der muss raus. Also lassen Sie ihn reden UND hören Sie ihm zu.

2. IMMER um Verzeihung bitten und zum Ausdruck bringen, dass man den Kunden versteht, dass man seinen Ärger nachvollziehen kann. Bitte an dieser Stelle nicht mit eigenen Reklamationsgeschichten kommen, für die hat Ihr Gast jetzt weder Zeit noch Nerven.

3. Natürlich: Das Problem beseitigen oder VERBINDLICH eine Rückmeldung anbieten, wenn es nicht sofort beseitigt werden kann. Unter Umständen ist es an diesem Punkt nötig, den Gast in irgendeiner Weise zu entschädigen, beispielsweise mit einem Upgrade, einem Extra oder Ähnlichem. Ein kleines Geschenk ist immer günstiger, als wenn Sie den Gast verlieren. Und bedenken Sie: Wirklich enttäuschte und verärgerte Gäste haben heute großartige Möglichkeiten, sich online zu »rächen«.

4. Wenn das getan und der Zorn des Gastes ein wenig verraucht ist: Sich vergewissern, dass der Gast jetzt zufrieden ist. Nachfragen und die Situation wirklich komplett bereinigen.

5. Und schließlich: Mit dem Team die Situation besprechen, mögliche Lösungen dokumentieren und allen zur Verfügung stellen. So können Sie dafür sorgen, dass sich diese Beschwerde nicht wiederholt.

»» Service dringend gesucht

So etwas passiert immer zu den unmöglichsten Zeiten: In einem Ferienhaus an der Nordsee sprangen plötzlich an einem Freitagabend sämtliche Sicherungen raus, sobald man ein Elektrogerät einschaltete. Ein Blick in die Unterlagen zeigte uns: Es gibt eine rund um die Uhr erreichbare Servicenummer. Das war schon mal ein Pluspunkt. Der zweite: Unter dieser Nummer war auch tatsächlich sofort jemand zu erreichen, und zwar – alle Achtung! – die Inhaberin der Agentur, über die wir das Haus gemietet hatten, immerhin ein Betrieb, der um die 700 Häuser verwaltet. Sie entschuldigte sich freundlich, machte mit unserer Hilfe eine kurze »Ferndiagnose« und versprach uns dann, sie würde sofort ihren Techniker schicken. Wir waren gespannt, was in diesem Fall »sofort« heißen würde, und sehr überrascht, als der Mann keine zwanzig Minuten später vor der Tür stand und sich auch noch entschuldigte: Der Anruf hatte ihn am Strand erreicht, und er hatte erst mal ein

Stück zu seinem Auto laufen müssen. Er fand den Fehler blitzschnell – die Pumpe der Sickergrube war defekt –, sorgte für eine Überbrückung und versprach uns, am nächsten Morgen würde das Gerät repariert. Was dann auch geschah – am Samstag. Bei unserer Abreise eine Woche später erkundigte sich die Mitarbeiterin, der wir den Schlüssel übergaben, noch einmal, ob alles gut verlaufen sei. Das konnten wir nur lächelnd bestätigen. Wir waren wirklich mehr als zufrieden. Und wir haben es weitererzählt.

Schließlich noch eine Bemerkung zur Kommunikation mit Gästen: Bitte kommen Sie NIEMALS auf die Idee, Ihren Gästen die Form oder den Weg der Kommunikation vorzuschreiben. Websites, auf denen sich keine Telefonnummer findet – um zu verhindern, dass angerufen wird – sind ein absolutes No-Go und machen mich persönlich richtig wütend. Und umgekehrt am Telefon jemandem zu sagen: »Schreiben Sie doch bitte eine Mail«, das geht auch nicht. Wenn der Gast das gewollt hätte, dann hätte er es getan ... Es ist ein Irrglaube, nur weil wir in einer digitalen Welt leben, gäbe es keine analogen Kommunikationswege mehr.

GEFÜHLE ZEIGEN

Wer echt und herzlich rüberkommen will, kommt nicht darum herum, seine Gefühle wenigstens ein Stück weit nach außen zu tragen und zu zeigen. Das heißt auch, Sie müssen sie – bei sich, den Kollegen und den Gästen – akzeptieren. Wir alle sind Menschen, wir alle haben Gefühle. Das ist nun einmal so und entzieht sich jeder Beurteilung.

Im Gegenteil: Sie können Emotionen – wiederum eigene und die der Gäste – ganz bewusst nutzen, um Erlebnisse zu schaffen. Denn genau das verkaufen wir in der Hospitalitybranche doch: Erlebnisse! Wenn's gut läuft, glückliche Erlebnisse. Bei einem Restaurantbesuch geht es in der Regel nicht darum, für möglichst wenig Geld möglichst satt zu werden. Es geht um das Erlebnis, deshalb besuchen wir ein ganz bestimmtes Lokal und nehmen dafür unter Umständen einen längeren Weg oder eine Wartezeit auf eine Tischreservierung in Kauf. Ein Hotelzimmer ist ein bewohnbares Erlebnis – hoffentlich ein positives und beglückendes.

Also: Sorgen Sie für positive Erlebnisse. Machen Sie sich klar, wie Ihr Gefühlsleben gerade aussieht, und wenn sich darin etwas Negatives findet, »parken« Sie es irgendwo, solange Sie mit anderen Menschen zu tun haben.

Nehmen Sie Haltung an. So militärisch das jetzt klingt, es transportiert positive Gefühle und Energie. Eine kraftvolle Position, gerade Haltung, als wollten Sie eine Medaille an Ihrer Brust präsentieren, breite Schultern, ein Lächeln, das die Augen erreicht – so gehen Sie auf Ihren Gast zu. Das Lächeln gibt Ihnen einen kleinen kraftvollen, positiven Kick. Und es ist schwer, sich gleichzeitig stark und schlecht zu fühlen.

Übertragen Sie diese positive Haltung auch auf Ihren Gang. Wer mit eingezogenen Schultern und gesenktem Kopf durch den Raum schlurft, wird sicher nicht als kraftvoll und energiegeladen wahrgenommen. Versuchen Sie es einmal mit einem »fröhlichen Gang«, notfalls mit einem Schlenkern der Arme und Beine, das Ihnen etwas übertrieben vorkommt. Bei Ihrem Publikum kommen Sie so mit Sicherheit gut rüber.

Zielen Sie mit Ihrer ganzen Energie, Ihrem Charme, Ihrem Charisma – wie auch immer Sie es nennen wollen – auf das Herz Ihres Gastes. Wenn Ihnen das aus irgendeinem Grund einmal kurzzeitig schwerfällt, hilft es Ihnen vielleicht, sich zu denken, dass das Herz näher an der Brieftasche ist als der Kopf … Und wenn Sie mit negativen Gefühlen konfrontiert sind? Will sagen, wenn der Gast oder ein Kollege Ihnen negative Gefühle zeigt? Zunächst einmal gilt die Grundregel vom Anfang dieses Kapitels: Sie sind nur für Ihre eigenen Gefühle zuständig, nicht für die der anderen. Wenn dieser Gedanke nicht hilft, gibt es Techniken, die helfen können.

Der Zenmeister und der Zeitungshändler

Ein Zenmeister lebte in New York und kam jeden Tag in seiner Straße an einem Zeitungshändler vorbei, bei dem er seine Tageszeitung kaufte. Jedes Mal bekam er auf seinen freundlichen Gruß eine patzige Antwort, Bitte und Danke schien der Zeitungsmann nicht zu kennen. Ein Freund, der den Zenmeister besuchte und das Ganze ein paar Tage lang miterlebte, fragte ihn irgendwann: »Warum lässt du dich so behandeln? Es gibt doch genug andere Zeitungshändler, die sicher freundlicher sind. Schon da drüben an der nächsten Ecke …« Der Zenmeister sah seinen Freund

an und sagte: »Ich bin ein freier Mensch. Und ich habe beschlossen, mir von diesem unfreundlichen Zeitgenossen nicht vorschreiben zu lassen, wo ich meine Zeitung kaufe.«

TIPPS ZUM UMGANG MIT NEGATIVEN GEFÜHLEN

- Werden Sie sich über die Ursachen der negativen Gefühle klar.
- Schreiben Sie die Punkte auf, die Sie beschäftigen – negative wie positive. Dann haben Sie die Sache aus dem Kopf. Sie steht ja auf dem Zettel und geht nicht verloren.
- Überlegen Sie sich später: War ich wirklich gemeint? Ist die Sache relevant?
- Stellen Sie, notfalls schriftlich in einer Liste, negative und positive Punkte einander gegenüber und wägen Sie sie ab.
- Rufen Sie sich gute Erlebnisse ins Gedächtnis. Wenn Ihnen das schwerfällt, hilft vielleicht eine Positivliste im Handy. Oder vergleichen Sie die Situation mit wirklich schlimmen Dingen. Vieles relativiert sich dann.
- Geben Sie sich Zeit, schlafen Sie drüber. Manches sieht mit etwas Abstand viel weniger dramatisch aus. Wenn Sie sich den Zettel noch einmal vornehmen, auf den Sie alles aufgeschrieben haben, hat sich wahrscheinlich schon einiges erledigt.
- Und wenn das alles nicht hilft: Sprechen Sie mit einem Menschen darüber, dem Sie vertrauen.

»Mit Geld kann man sich viele Freunde kaufen, aber selten ist einer seinen Preis wert.« Josephine Baker

RESPEKT UND EHRLICHKEIT

Ein Wahlspruch des Ritz-Carlton-Hotel-Mitbegründers Horst Schultz, Mitte der Achtzigerjahre geprägt, bildet bis heute das Herzstück der Unternehmensphilosophie:

WE ARE LADIES AND GENTLEMEN SERVING LADIES AND GENTLEMEN.

Aus dieser Aussage spricht sehr viel Respekt für alle Beteiligten, für Führungskräfte, Mitarbeiter und Gäste. Und Sie können davon sehr viel lernen. Vor allem können Sie davon lernen, den Charakter und die Authentizität jedes Mitarbeiters und jedes Gastes zu respektieren. Beide, Mitarbeiter und Gast, sind starke, gleichwertige Persönlichkeiten, auch wenn sie unterschiedliche Rollen einnehmen.

> »Ich spreche mit jedem gleich, egal, ob es sich um den Müllmann oder den Präsidenten der Universität handelt.« Albert Einstein

Respekt macht sich in der Anrede bemerkbar, in der Art, wie Sie Menschen ansehen, aber ganz entscheidend auch in der Art, wie Sie mit ihrer Zeit umgehen. Die Zeit ist für alle Menschen gleich, und wer einen anderen ohne guten Grund und ohne Entschuldigung warten lässt, behandelt ihn respektlos.

Das Ritz-Carlton zeigt mit vielen kleinen Gesten, wie es den umseitig zitierten Leitsatz mit Leben füllt. Da werden neue Mitarbeiter am ersten Tag mit einem Spalier begrüßt, auch von den Führungskräften. Sie werden mit Applaus empfangen und wissen gleich, dass man sie schätzt und dass sie willkommen sind – aber auch, dass man einiges von ihnen erwartet. Da wird mit täglichen kleinen Trainingseinheiten und regelmäßigen intensiveren Trainings das Wissen der Mitarbeiter immer wieder aufgefrischt, da gibt es ohnehin für jeden Mitarbeiter ein ausgeklügeltes Trainingssystem, mit dessen Hilfe er die Philosophie des Hauses kennenlernt und möglichst schnell ein Teil des Ganzen wird. Da wird ein hohes Maß an Entscheidungsfreiheit auf jeder Ebene gewährt – wir sprachen schon über das Budget, das zur Verfügung steht, um Gäste restlos glücklich zu machen.

Respekt, der in dieser Weise den Mitarbeitern entgegengebracht wird, kann gar nicht anders, als sich auf deren Umgang mit den Gästen übertragen.

Und was hat das alles mit Ehrlichkeit zu tun? Sehr viel. Respekt setzt Ehrlichkeit voraus und rechnet mit Anstand auf allen Ebenen. Ehrliches Essen, ehrliche Produkte, ehrlicher Umgang mit Gästen und Kollegen – so entsteht ein Unternehmen, in dem Menschen immer und zu jeder Zeit im Mittelpunkt stehen.

>> **Der König, der die Unterstützung seiner Bürger verliert, ist kein König mehr.** << Aristoteles

SEHEN
UND WAHR-
NEHMEN

Ihr Gast muss immer wissen, dass er gesehen und wahrgenommen wird. Und das merkt er an der Art, wie man in Ihrem Betrieb auf seine Anwesenheit und seine Bedürfnisse eingeht. Dann und nur dann hat er das Gefühl, dass man ihn wirklich will, dass er wirklich willkommen ist. Was ich am liebsten auf meinen Trendreisen höre? »Welcome back – willkommen zurück.«

Diese Wahrnehmung hat etwas Ganzheitliches, und sie ist immer und jederzeit wohlwollend, freundlich und offen. Das heißt auch, sie ist nicht urteilend. Vermeiden Sie es, den Gast aufgrund äußerer Merkmale oder aufgrund seines Verhaltens in eine Schublade zu stecken. Versuchen Sie, ohne Vorurteile die Gesamtpersönlichkeit Ihres Gastes wahrzunehmen.

Unerwartet freundlich

In meiner Filmzeit gab es beim Münchner Filmfest einen eigenen Tisch für unsere Führungskräfte der UIP (des Zusammenschlusses von Paramount, Universal und MGM/UA). Das Gleiche galt natürlich auch für andere Verleiher und Produktionsfirmen, die zum Teil befreundete Mitbewerber am Markt, zum Teil echte »Feinde« waren. Aber wir waren ein Stück weit die Platzhirsche.

Wir saßen also alle in einem großen Saal. Bei einem Mitbewerber gab es einen General Manager, der gut in unser Feindbild passte. Wir fühlten uns geradezu verpflichtet, ihn unangenehm zu finden. Unsere Vorurteile waren klar, die Schubladen schnell geöffnet und wieder geschlossen.

Und was tat dieser Mann? Er stand auf, kam an unseren Tisch und sagte: »Liebe Kollegen, darf ich mich vorstellen, ich bin noch nicht so lange dabei.« Und er gab jedem Einzelnen von uns die Hand.

Die Wirkung war unglaublich. Während wir vorher sicher gewesen waren, dass der Chef eines Mitbewerbers ein echtes Ekel sein müsste, sagten auf einmal alle: »Der war aber nett. Was für ein sympathischer Mensch. Habt ihr den gesehen? Wirklich freundlich.« Und so weiter. Fast bei allen hinterließ er mit seiner Aktion einen so positiven Eindruck, dass ein paar wohl mit dem Gedanken spielten, die Firma zu wechseln. Durch eine einfache Geste, ein paar Worte und eine Berührung (den Handschlag) hatte dieser Mann das bewirkt.

Und wenn wir ehrlich waren, schämten wir uns ein kleines bisschen für unser Schubladendenken, dass uns dieses positive Erlebnis beinahe verdorben hätte.

Fragen Sie sich: Wer ist dieser Mensch? Wie geht es ihm gerade jetzt und heute? Was mag er für Wünsche, vielleicht auch: Was mag er für Sorgen haben? Wie kann ich ihm helfen, wie kann ich ihm nützlich sein?

Das alles gilt natürlich auch für Mitarbeiter im Betrieb und im Privatleben für Freunde und Familienmitglieder. Üben Sie diese Haltung, bis sie Ihnen wirklich in Fleisch und Blut übergegangen ist. Erinnern Sie sich an die Geschichte mit Jack Nicholson? Für ihn war in diesem Moment während der Berlinale eine Sache wichtig: Er wollte für seine Fans da sein. Alles andere – Zeitplan, persönliche Sicherheit, Anschlusstermine – war in diesem Moment von untergeordneter Bedeutung. Er diente seinen Fans, und er war stolz darauf.

>>Lächeln ist die kürzeste Verbindung zwischen zwei Menschen.<< Victor Borge

KÜMMERN

Statt hier das Rad neu zu erfinden, will ich Ihnen zunächst einmal die Regeln vorstellen, die wir vor Jahren in unserem Betrieb »frollein« aufgestellt haben. Sie umfassen den gesamten Bereich des Sich-Kümmerns um den Gast und haben an Aktualität nichts verloren.

AUS DEM MITARBEITERHANDBUCH VON FROLLEIN

In unserem vertraulichen Mitarbeiterhandbuch – in das Sie also nun einen heimlichen Blick werfen dürfen – trug dieser Abschnitt den Titel »Einfache Regeln für alle«.

- Gastfreundschaft wie zu Hause: Behandle deine Gäste wie deine Gäste zu Hause (dann machst du das meiste schon richtig).
- Wenn du einen Gast siehst, lächle und grüße ihn, bevor er es tun kann.
- Verabschiede alle Gäste, wie man Freunde verabschiedet.
- Gäste sollten so früh wie möglich wahrgenommen und so schnell wie möglich bedient werden.
- Nimm den Gast wirklich wahr – als ganze Person.
- Erahne die Wünsche deiner Gäste.
- Lach mit deinen Gästen.
- Die Gäste deiner Gäste sind auch deine Gäste.
- Ein Nein ist die letztmögliche Antwort – und die sollte sehr freundlich sein.
- Zum Wohlfühlen gehört auch das Ambiente: gutes Licht – guter Ton – richtige Temperatur – oft die richtige Musik.
- Wir sind eilig, wenn es unsere Gäste eilig haben. Das freut sie und verbessert unsere Wirtschaftlichkeit.
- Wir sind das effektivste und bestgelaunte Team der Stadt.
- Jedes Produkt ist so gut zubereitet wie für unsere besten Freunde. Und so wie wir es selber erwarten, wenn wir zu Gast sind. Kenne dein Angebot – und lerne immer dazu.
- Kümmere dich um alle Gäste gleich. Etwas mehr um die, die es etwas schwerer haben.
- Gib – vor allem Freude. Du kriegst alles wieder!
- Sorge dafür, dass alle im Team gut arbeiten können.
- Wir übertreffen die Erwartungen unserer Gäste – und wir überraschen sie.

● Wir geben unseren Gästen Orientierung und Sicherheit. Wir lassen sie nicht allein – lassen Ihnen aber genug Raum (nicht bedrängen/belästigen).
● Lerne immer dazu. Stell Fragen und lern deine Gäste kennen.
● Nur ein perfekt vorbereiteter Arbeitsplatz (mis en place) und vorausschauendes Arbeiten (agieren statt reagieren) hilft, alle schwierigen Situationen zu meistern.
● Manager führen das Restaurant wie ihr eigenes. Und sorgen so für perfekte Arbeitsbedingungen für ihre Kollegen, damit sie sich perfekt, ohne Störung um das Wichtigste was wir haben, kümmern können: unsere Gäste. Wir sind noch besser, als wir in der letzten Schicht waren. Wir werden mehr verkaufen und besser verdienen.
● Ein Team ist nur zusammen ein Team. Wir behandeln uns alle gegenseitig mit Respekt. Die Servicemitarbeiter bringen das Lächeln vom Koch zum Gast. Wir helfen den Kollegen und coachen neue Teammitglieder. An ihnen werden wir gemessen.
● Man kann sich immer bedanken – auch bei Gästen und bei Kollegen.
● Halte dich an Regeln – (Rezepte, Prinzipien) – aber bleib du selbst: eine großartige Persönlichkeit!
● Geh mit Waren, Energie und Materialien so sorgsam um wie zu Hause.

Wir sorgen dafür, dass sich unsere Gäste wie zu Hause fühlen, glücklich sind und so schnell wie möglich wiederkommen. Das teuerste im Restaurant ist ein leerer Stuhl.

Letztlich würde es reichen, wenn alle, die professionell mit Gästen zu tun haben, diese einfach so behandeln würden wie ihre Gäste zu Hause.

In den Hyatt-Hotels kann man das zum Beispiel an einem einzelnen Punkt ganz besonders gut beobachten. Dort gilt die Grundregel, den Gast niemals allein oder unbemerkt zu lassen – dies ohne jemals aufdringlich oder lästig zu sein. Aber wenn Sie in einem dieser Hotels einen Mitarbeiter nach dem Weg zur Toilette fragen, wird er ihnen nicht von seinem Platz aus eine komplizierte Wegbeschreibung geben, sondern er wird mitgehen, bis die ersehnte Tür in Sichtweite ist. So einfach ist das. Und so gut.

Auf diese Weise fühlt sich jeder Gast wie ein VIP. Das schmeichelt seinem Ego, aber es führt eben auch zu einer ganz besonderen Qualität im Unternehmen. Und Qualität ist genau das, was Gäste erwarten dürfen.

Eine großartige Möglichkeit, um zu zeigen, dass Sie sich um das Wohl Ihre Gäste, aber auch um Ihre Mitarbeiter kümmern, ist das Eliminieren von **Pain Points**. Sie erinnern sich an die Geschichte mit dem Tiger in dem Sketch »Dinner for One«? Räumen Sie das Tigerfell weg, sobald Sie mitbekommen, dass Menschen darüber stolpern. »Wie kann ich ihre Probleme lösen?«, lautet die Frage, die Sie sich ständig stellen müssen, wenn Sie ein freundliches Unternehmen aufbauen wollen. Gastronomen und Hoteliers sind generell erfahrene Problemlöser oder besser gesagt: Pain-Points-Killer.

 ## Wir werden ihn vermissen

Antony Bourdain, der Autor des bekannten Buchs »Geständnisse eines Küchenchefs«, war Restaurantbesitzer in New York, weltbekannter Food-Fernsehstar, Emmy-Preisträger – und ein begnadeter Kümmerer.

Barack Obama traf ihn in einem kleinen Lokal in Hanoi, wo die beiden ein Sechs-Dollar-Nudelgericht aßen und dazu Bier tranken. Nach Bourdains Tod 2018 sagte Barack Obama in einem Interview: »Niedriger Plastikhocker, billige, aber leckere Nudeln, kaltes Hanoi-Bier. So werde ich mich an Tony erinnern. Er lehrte uns viel übers Essen – und noch wichtiger ist, dass er uns beibrachte, wie uns Essen zusammenbringen kann. Um uns ein bisschen weniger Angst vor dem Unbekannten zu machen. Wir werden ihn vermissen.«

GEBEN

Das Wort »Gastgeber« deutet es schon an: Gastfreundschaft kommt ohne die Bereitschaft zum Geben nicht aus. Und das ist gut so, denn Geben bringt uns zweierlei: Freude und Profit. Besser geht es doch gar nicht.

Haben Sie schon mal darüber nachgedacht, wie die beste Möglichkeit aussieht, eine Umarmung oder von mir aus auch ein Schulterklopfen zu bekommen? Ganz einfach: Umarmen Sie andere, klopfen Sie ihnen auf die Schulter. Die Antwort wird nicht auf sich warten lassen.

Beim Stichwort Geben denken wir vielleicht allzu schnell und allzu sehr an materielle Dinge. Dabei können wir unseren Gästen und unseren Mitarbeitern etwas ganz anderes geben, was sie sich wünschen: Sicherheit und Orientierung. Bei den Mitarbeitern sorgen Sie durch klare Regeln für

Orientierung und Sicherheit; wir kommen darauf im vierten Kapitel zurück. Beim Gast sorgen Sie dafür, indem Sie ihn nicht allein lassen. Indem Sie Fragen, die er haben könnte, beantworten, bevor er sie ausspricht.

Dafür brauchen Sie Fingerspitzengefühl. Wir alle kennen das unangenehme Gefühl, wenn sich in einem Laden, den wir betreten, sofort ein Verkäufer auf uns stürzt und sich auch durch unseren Standardsatz »Ich schau mich erst mal um« nicht davon abbringen lässt, uns zu verfolgen. Mich hat das schon manches Mal aus einem Geschäft wieder hinausgetrieben. Und umso irritierter war ich zunächst in London, wo Verkäufer zunächst ganz bewusst im Hintergrund bleiben und nur dann in ein Beratungsgespräch einsteigen, wenn man ihnen als Kunde signalisiert, dass man das will. Wenn man es einmal begriffen hat, ist das durchaus wohltuend.

Doch natürlich gehören zum Geben auch die materiellen Aspekte. Wir geben gute Qualität in guter Menge. Wir geben gute Ausstattung zum guten Preis. Wir geben gute Dienstleistungen. Und wir sind vor allem da großzügig, wo wir an einem Gast etwas wiedergutzumachen haben, beispielsweise bei einer Reklamation.

Das alles gilt – es wird Sie nicht mehr überraschen, nachdem Sie schon so weit gelesen haben – auch für den Umgang mit Mitarbeitern. Geben Sie gute Arbeitsbedingungen, gute Bezahlung, gute Arbeitszeiten, gute Versorgung mit den Dingen, die Ihre Leute brauchen, um ihrerseits gute Arbeit zu leisten. Das kann auch Hilfe bei der Wohnungssuche oder Kinderbetreuung sein. Oder ein Kredit, wenn jemand einmal in eine finanzielle Klemme gerät. Und natürlich: Geben Sie Freiräume, Entscheidungsmöglichkeiten, Selbstständigkeit, Vertrauensvorschüsse.

Wenn ich in meinem bisherigen Leben einen Strich unter alles ziehe, kann ich guten Gewissens sagen, dass ich immer zurückbekommen habe, was ich gegeben habe. Und häufig sehr viel mehr.

Sobald Ihre Mitarbeiter, die Mitglieder Ihres Teams, das verstehen, sobald sie sehen, dass großartiger Service, Sich-Kümmern und großzügiges Geben ausschlaggebend für eigenen Erfolg, Nutzen und Profit (und den des Teams und Unternehmens) sind, ist der Weg zu einem ebenso fantastischen wie freundlichen Unternehmen vorgezeichnet.

Üben Sie das. Alle, an jeder Stelle und zu jederzeit. Sie werden feststellen: Jedes Danke macht das Leben schöner. Und jedes Geben macht alle Beteiligten glücklich.

FÜR FREUDE
SORGEN

Man kann es drehen und wenden, wie man will: Nur wer Spaß und Freude an der Arbeit hat, kann freundlich sein. Und nur wer freundlich ist, überzeugt, verkauft und sorgt dafür, dass die Gäste gerne wiederkommen. Eine Firma kann nur dann großartig sein und weiterwachsen, wenn auch die Mitarbeiter wachsen, Spaß haben und mit ihrer positiven Energie immer neue Menschen anziehen. Das gilt heute mehr denn je, da wir mit zwei Faktoren zu tun haben: einem erheblichen Mangel an richtig guten Fachkräften und einer Generation, für die Freude an der Arbeit und Sinn in der Arbeit höchst wertvolle Güter sind. Nur wenn Sie für diese Menschen als Arbeitgeber attraktiv sind, nur wenn Sie ihnen so viel Freude geben, dass sie gern kommen und bleiben, kann Ihr Unternehmen erfolgreich sein. Denn dann geht es auch weiter, dann ziehen Sie über persönliche Empfehlungen neue großartige Mitarbeiter an.

Verteilen Sie also Glück. Danny Meyer, der große New Yorker Restaurateur, hat einmal gesagt: »Unsere Aufgabe besteht darin, die Menschen ein bisschen glücklicher zu machen, als sie waren, bevor sie zu uns hereinkamen.« Das gilt für Gäste und Mitarbeiter gleichermaßen. Und es hat ihn zu einem der erfolgreichsten Gastronomen weltweit gemacht.

Die Basis dafür bilden Fairness, Respekt und klare Regeln. Ein gutes Mentoring im Team spielt ebenfalls eine große Rolle. Und dann kann es weitergehen mit dem Glückverteilen, indem der Gast immer »seine Leistung« und das kleine bisschen Mehr bekommt. Indem er sich wohlfühlt und sich, schon während er bei Ihnen ist, wünscht, möglichst bald wiederzukommen.

Vielleicht fragen Sie sich, wer der »Freudebeauftragte« in Ihrem Unternehmen ist. Dann habe ich eine Antwort für Sie: Das sind Sie. Der Teamleiter, Inhaber, Chef jeder Organisation, aber auch jedes privaten Projekts, ist dafür verantwortlich, dass alle im Team Freude an ihrer Arbeit haben. Er allein schafft die Voraussetzungen für den Erfolg. Sie erinnern sich? Sie sind immer selbst schuld.

Übrigens gilt das jeden Tag und nicht nur nebenbei. Es ist die Hauptaufgabe jedes Leaders.

GESCHICHTEN
ERZÄHLEN

Es gibt kaum einen Menschen, der keine Storys liebt. Und die meisten erzählen auch gern welche. Wenn Sie Menschen fesseln wollen, erzählen Sie Geschichten. Seien Sie Entertainer, auch wenn das vielleicht manchmal anstrengend ist. Das ist eben so: Auf der eigenen Party hat man immer einen anstrengenden Job. Amüsieren können Sie sich auf den Partys anderer Gastgeber.

Genießen Sie Öffentlichkeit und Auftritte, üben Sie reden. Niemand hört gerne einem Langweiler zu. Und denken Sie daran, dass Storys professionell inszeniert werden müssen. Dazu brauchen Sie ein Drehbuch, und das müssen Sie sich vorher überlegen. Aus der Hüfte geht da nichts.

Auch ich liebe Geschichten. Das hat vielleicht damit zu tun, dass ich einen erheblichen Teil meiner Kindheit im Kino verbracht habe, wo meine Großmutter – wie bereits erwähnt – als Platzanweiserin arbeitete. Sonntags durfte ich mitgehen und habe dort Unmengen von Filmen gesehen. Nicht alle waren altersgemäß, aber man wächst mit der Zeit schon hinein …

Storytelling ist heute in der Hospitalitybranche ein großes Thema. Ob es sich um die Geschichte eines Traditionsrestaurants handelt oder um ein Stück Stadtgeschichte, ob um die Gründungsgeschichte eines Hotels oder die Familiengeschichte der Inhaber – wo immer sich etwas Interessantes zu erzählen findet, ist der Weg zum Storytelling vorgezeichnet. Sie helfen Ihren Gästen, eine andere Welt zu betreten und Dinge neu zu verstehen. Sie helfen aber auch Ihren Mitarbeitern, sich als Teil eines interessanten Ganzen zu fühlen. Gerade für die Altersgruppe der »Millennials« ist das extrem wichtig. Sie wollen Teil der Marke/des Erlebnisses sein. Kein Wunder, dass sie auch als Konsumenten und Gäste wesentlich mehr Geld für Erlebnisse ausgeben als für materielle Gegenstände. Sie reisen viel, gehen ins Kino, wollen Abenteuer gemeinsam mit anderen erleben, machen neue Sportarten und so weiter.

Themen und Werte sind das Fundament einer guten Story. Sie soll authentisch sein und zumindest einen wahren Kern haben. Sie kann zur Metapher werden, die Menschen hilft, fremde Zusammenhänge zu verstehen, sie kann Bilder im Kopf erzeugen, einen Spannungsbogen schaffen, überraschen und sogar einen Kommentar zu Konflikten abgeben, die sonst unterschwellig spürbar blieben – was nie gut ist. Gute Storys wirken dynamisch und bewirken Veränderungen beim Empfänger. Sie sorgen für Bindung und ein Gefühl der Zugehörigkeit.

Zwei alte Schwestern, die es nie gab

Storytelling vom Feinsten können Sie bei der dänischen Ladenkette »Søstrene Grene« kennenlernen, die mit ihren Deko- und Kreativläden inzwischen auch in Deutschland großen Erfolg hat. Anfang der Siebzigerjahre von Inger Grene und Knud C. V. Olsen in Aarhus gegründet, erzählt die Filmengeschichte von zwei Damen namens Anna und Clare – das sind die Schwestern Grene, die zwar von zwei Tanten der Gründerin inspiriert sind, aber so nie existiert haben. Doch die beiden alten Damen sind allgegenwärtig. Bei vielen Produkten wird mit Storys über die beiden geworben, sie fungieren als Ideengeberinnen und vor allem: Sie bestimmen mit ihrer altmodisch-sympathischen Art die ganze Atmosphäre der Geschäfte. So altmodisch sind sie, dass sie die Kunden sogar siezen – in Dänemark, wo man bestenfalls die Königin siezt, ist das eine große Ausnahme. Und sie tun das mit großem Erfolg, der seit einigen Jahren von Dänemark in die ganze Welt exportiert wird – zwei alte Tanten machen Firmengeschichte.

STORYTELLING GANZ PRAKTISCH

Das Beispiel wie auch viele andere, auch in der Hospitalitybranche, zeigt: Eine gute Inszenierung der Story ist das A und O. Sie dient dazu, den Gästen einen guten Auftritt zu garantieren, ihnen zu schmeicheln, sie gut aussehen zu lassen. Eine solche Inszenierung setzt einiges an Denkarbeit und Vorbereitung voraus:

- Sie muss authentisch und glaubwürdig sein, und sie muss zum Unternehmen passen.
- Sie muss zur Vision des Unternehmens passen – das ist die Basis.
- Sie braucht klug gewählten Kontext und Details.

- Sie brauchen technische Perfektion für die Inszenierung, möglicherweise auch mit Licht und Ton.
- Sie braucht Konstanz, Dramaturgie und Regeln. Wildwuchs macht sich sofort unangenehm bemerkbar und verunsichert den Gast.
- Sie braucht eine Spannungskurve und die Chance zu Aha-Erlebnissen.
- Sie muss visualisierbar und kurz sein.
- Sie braucht ein Drehbuch, zumindest im Kopf dessen, der sie erzählt.
- Sie muss Emotionen erzeugen, die Mentalität der Gäste, die DNA des Unternehmens und die Umgebung berücksichtigen. Kurz: Sie muss stimmig sein. Auch für die Mitarbeiter. Sie muss zu ihrer Story werden.
- Und vor allem: Sie brauchen Gastgeber.

Zu einer guten Geschichte gehört übrigens auch ein guter Ort. Menschen wünschen sich aufregende, spannende Orte. Aber sie wollen sich dabei auch sicher und wohl fühlen.

Umgekehrt brauchen Orte auch Storys. Und Orte können für sich genommen schon Inszenierungen sein. Aber das alles funktioniert nur, wenn der Mensch weiterhin im Mittelpunkt steht. Durch gut inszenierte Orte fühlen sich Menschen geschmeichelt. So bietet ein gut inszenierter Eingang beispielsweise die Chance auf einen guten, schmeichelhaften Auftritt. Gäste lieben so etwas, sie wollen sich nicht zur Hintertür hereinschleichen.

Achten Sie bei solchen Inszenierungen auf Stimmigkeit. Wenn Sie zu dick auftragen, fühlen sich die Menschen außen vor. Dann betrachten sie das Ganze nur wie Besucher eines Museums. Echte Bedeutung bekommt ein Ort erst, wenn es Gesichter und Menschen gibt, die man damit verbinden kann.

Und ein letztes dazu: Sie können so viel inszenieren und Geschichten erzählen, wie Sie wollen. Wenn die Qualität Ihrer Produkte und Ihrer Dienstleistungen nicht stimmt, wird Ihnen das alles nichts nützen. Denken Sie an die alte Grundregel von erfahrenen Restaurantbesitzern, dass das Essen meistens schlecht ist, wo die Aussicht gut ist.

So soll es bei Ihnen nicht sein. Gutes Essen, gute Grundprodukte, gute Zubereitung, ausgezeichnete Drinks, fantastischer Service und eine spürbare Gastgeberhaltung jedes einzelnen Mitarbeiters: All das ist die Basis, ohne die Ihre Story niemals richtig wirken kann.

>> Kein Detail ist so klein, dass man sich nicht darum kümmern müsste. << Maria Oldenbjerg, Nimb Hotel, Kopenhagen

MEHR ALS
EIN BONUS:
DAS LÄCHELN

Es ist gar nicht ganz zu ermessen, wie unglaublich wichtig das Lächeln ist. Der große Verhaltensforscher Irenäus Eibl-Eibesfeldt hat einmal geschrieben: »Unser wichtigstes freundliches Signal ist das Lächeln.« Es ist zutiefst menschlich, ja, es macht den Menschen aus, obwohl auch Tiere durchaus in der Lage sind, zu lächeln. Und es wirkt entspannend. Wenn Sie im Kontakt mit einem anderen Menschen sonst nichts tun oder sagen können, weil es die Situation nicht erlaubt, weil Sie verschiedene Sprachen sprechen, warum auch immer – lächeln können Sie auf jeden Fall. Also tun Sie es, so oft und so authentisch wie möglich.

LÄCHELN, BIS IHNEN DANACH ZUMUTE IST

Wenn Sie lächeln, werden in Ihrem Gesicht bestimmte Muskeln angespannt, man spricht auch von der »mimischen Muskulatur«. Diese Muskeln befinden sich im Bereich der Mundwinkel und um die Augen. Studien haben gezeigt, dass das Lächeln dem Menschen von Geburt an mitgegeben ist – inzwischen wissen wir, dass selbst Babys im Mutterleib schon lächeln, obwohl ihnen keiner zuschaut (wahrscheinlich üben sie). Lächeln ist nicht von der Kultur abhängig, aus der ein Mensch stammt, es ist eine Reaktion auf bestimmte Reize. Aber das wirklich Spannende daran ist: Es funktioniert auch umgekehrt. Lächeln setzt im Gehirn Endorphine frei, Botenstoffe, die körperliche und seelische Schmerzen dämpfen und das Wohlbefinden fördern.

Das können Sie nutzen. Wenn Ihnen gerade nicht so richtig zum Lächeln zumute ist, tun Sie's trotzdem. Aber tun Sie's echt und mit ganzem Einsatz, nicht mit dem berühmten »einmassierten Lächeln«, das weder bei Ihnen noch bei eventuellen Beobachtern irgendetwas bewirkt. Sie werden bald feststellen, dass Sie auf diese Weise Ihre Stimmung erheblich aufhellen können. Und dann fällt Ihnen das Lächeln auch wieder ganz leicht …

In unserer Branche wird viel gelächelt – meist mit Überzeugung. Manchmal auch dann, wenn es gerade schwerfällt. Und das hilft nicht nur in der eben beschriebenen physiologischen Weise: Wenn wir lächeln, bekommen wir meistens ein Lächeln zurück, und dann geht es uns gleich viel besser. Das sollten Sie nie aufgeben. Machen Sie das Lächeln zu einem Teil Ihrer Persönlichkeit! Und fördern Sie – mit welchen Mitteln auch immer – das Lächeln Ihrer Mitarbeiter.

OUR CULTURE / UNSERE KULTUR

At JUMEIRAH™ our Hallmarks help define our culture. Our Hallmarks are the core of our service philosophy along with our promise of STAY DIFFERENT™.

I will always smile and greet our guests
before they greet me.

My first response to a guest request
will never be no.

I will treat all colleagues with
respect and integrity.

Our colleagues, inspired by our three Hallmarks, are the foundation of our success and are at the heart of everything we do.

》Glücklicher als glücklich ist derjenige, der andere glücklich macht.《 Alexandre Dumas

AUF EINEN BLICK: GASTFREUNDSCHAFT ALS BASIS FÜR JEDEN ERFOLG

»Mach dir bewusst, dass Gastfreundschaft der Umsatzbringer Nummer 1 ist«

1

Gib, sei großzügig, und du wirst mehr zurückbekommen.

2

Zeige IMMER Respekt und Ehrlichkeit.

3
Take care: Kümmere dich und fördere echte Herzlichkeit.

4
Kommuniziere wohlwollend und positiv – und vergiss das Lächeln nicht.

5
Verteile Glück und sorge für Freude.

VERÄNDERN, MANAGEN, DURCHFÜHREN – STETS MIT FREUNDLICHKEIT

DREI WICHTIGE AUFGABEN, OHNE DIE GAR NICHTS GEHT

Jetzt wird es, aufbauend auf Kapitel 1, in dem wir über die Entwicklung und Durchführung Ihres Projekts gesprochen haben, noch mal ganz praktisch. Verändern, Managen, Führen – über jeden einzelnen dieser drei Bereiche wurden schon zahlreiche Bücher geschrieben. Warum sie hier in einem einzigen Kapitel unter dem Stichwort »Freundlichkeit« zusammengefasst sind? Ganz einfach: Diese drei Bereiche gehen Hand in Hand, sie gehören eng zusammen. Und sie machen einen Großteil Ihres Handelns als freundliche Leader aus.

Basis ist dabei immer die Vision, von der zu Anfang dieses Buchs schon ausführlich die Rede war: »die Sache«, »das eine Ding«. Ihr Projekt, das Sie mit Freundlichkeit erfolgreich machen wollen. Dessen Entwicklung muss gemanagt werden; dessen ständige Optimierung und Anpassung an die aktuellen Gegebenheiten verlangt Veränderung; dessen Erfolg braucht Führung. Handeln auf allen Ebenen ist gefragt, sonst kommt Ihr Projekt über den Status eines schönen Luftschlosses nicht hinaus.

Dauernde Veränderung (Change) ist heute der Normalfall. »Change is the new now« lautet das Schlagwort. Ob Sie ein neues Projekt angehen oder ob sie ein bestehendes optimieren bzw. mit disruptiven Ideen total verändern – Sie brauchen die Change-Fähigkeiten. »Das haben wir immer schon gemacht« – diesen Satz sollten Sie aus Ihrem Wortschatz streichen.

Gutes Management ist aber vor allem die Basis, um ein Projekt überhaupt zu realisieren (Execution). Das sinnvolle Projekt mit entsprechender Vision im Rücken steht dabei wie ein Leitstern über allem Handeln. Nur dann werden die beteiligten Menschen Ihnen folgen. Nicht zuletzt, weil sie wissen, dass sie einen Beitrag zum Ganzen leisten. Management ist Alltag, tägliches Handwerkszeug.

Womit wir bereits beim Thema Führung wären. Denn alles, was Sie im Zusammenhang mit Ihrem Projekt tun, ist letztlich Führung. Vom Finden des Projekts über das motivierende »Anführen« und »Anleiten« der beteiligten Menschen bis hin zum tagtäglichen Umgang mit Gästen und Mitarbeitern – das alles ist Führung.

Führungskonzepte gibt es viele, und jeder, der führt, tut das nach irgendeinem Konzept, ob ihm das bewusst ist oder nicht. Wenn Führung Erfolg haben soll, muss ihr Grundkonzept mit der Vision des Projekts zusammenstimmen. Tut es das nicht, dann werden Sie im Führungsalltag immer wieder auf Pain Points stoßen und darüber stolpern – und dieses Stolpern und das nachfolgende Wiederaufstehen kosten unglaublich viel Energie.

Das heißt: Für ein Projekt, das unter der Leitvision von Freundlichkeit steht und Menschen in den Mittelpunkt stellt, sollte auch das Führungskonzept menschenzentriert sein. Ein Unternehmen mit hoher Hospitality- und Dienstleistungskompetenz lässt sich nur dann optimal führen, wenn alle Leader sich einem Konzept dienender Führung verpflichten. Wir haben über dieses Konzept, auch »Servant Leadership« genannt (obwohl beide Begriffe am Ende nicht exakt das Gleiche umfassen), bereits früher in diesem Buch gesprochen. Hier als Wiederholung nur so viel: Es geht bei allem Führungshandeln darum, den Menschen zu dienen und ihnen optimale Arbeitsbedingungen zu schaffen – im Einklang mit dem Projekt und seiner Grundvision. Hier können wir von jungen Organisationen und StartUps noch viel lernen.

In diesem Kapitel geht es darum, Veränderung, Management und Führung zusammenzuführen. Das große Thema ist dabei Change. Denn ohne ständige Veränderung lässt sich heute kein Unternehmen mehr führen.

CHANGE IST
DAS NEUE JETZT

Veränderung ist unvermeidbar. Man mag das begrüßen oder darüber stöhnen, daran vorbei kommt heute kein Unternehmen und keine Führungskraft mehr. Wer im Prozess ständiger Veränderung nicht mitmacht, bleibt stehen und wird von anderen überrundet. Und wer glaubt, Veränderung sei ausschließlich lästig und mühsam, der hat noch nicht begriffen, dass es immer verschiedene Wege gibt. Es gibt viel mehr Alternativen, als wir auf den ersten Blick sehen. Fast nichts auf dieser Welt ist tatsächlich »alternativlos«, wie manche Politiker und Unternehmensleader uns nur allzu gern weismachen wollen.

Wenn Change gelingen soll, braucht es dafür – genau wie für den Start eines Projekts – vor allem eins: eine starke Vision, die den Grund für die Veränderung markiert. Diese Vision muss radikal ehrlich und klar sein. Und genauso muss sie kommuniziert werden.

VERÄNDERUNG BRAUCHT WAHRHEIT UND KLARHEIT

Wahrheit, Klarheit und Ehrlichkeit brauchen Sie auch, weil Sie alle Beteiligten mitnehmen müssen. Das gilt für Mitarbeiter, Führungskräfte und Stakeholder gleichermaßen. Bleiben Sie IMMER bei der Wahrheit. Und die Wahrheit ist: Veränderung hört nie auf. Es nützt nichts, Ihren Mitarbeitern vorzugaukeln, dass alles beim Alten bleibt und dass sie es sich in der Alltagsroutine bequem machen können. Machen Sie sich und allen Beteiligten klar, dass selbst kleine Veränderungen die gesamte Struktur verändern.

ROUTINE IST DER FEIND JEDER VERÄNDERUNG.

Also machen Sie Veränderung für alle Beteiligten zu einem guten, positiven und sinnvollen Prozess. Feiern Sie Erfolgserlebnisse und Zwischenschritte, schaffen Sie Leuchtturmprojekte als Beispiele. Kommunizieren Sie Veränderung so positiv, dass alle gern dabei sind. Jeder möchte Teil eines großartigen Ganzen sein. Dieses Bedürfnis können Sie nutzen.

ZWÖLF TIPPS, DAMIT SIE CHANGE-FEHLER VERMEIDEN

1. Bleiben Sie nie bei einer oberflächlichen Analyse und Klärung stehen.

2. Geben Sie sich nie mit einer Vision zufrieden, die nicht alle verstehen oder die keinen Sinn/keine Werte transportiert.

3. Unterschätzen Sie nie Brisanz und Dringlichkeit.

4. Lassen Sie keinen Mangel an Planung und sichtbaren Zwischenschritten zu.

5. Werden Sie nicht starr. Flexibilität ist wichtig, denn nicht alles ist planbar, und jeder Plan muss auf Veränderungen und neue Erkenntnisse reagieren.

6. Keine Alleingänge in der Planung! Nehmen Sie alle Beteiligten mit. Das gilt für Mitarbeiter ebenso wie für Shareholder und Stakeholder.

7. Keine Alleingänge in der Führung! Wenn es in der Führung keine Teamarbeit gibt, dann gibt es sie nirgendwo.

8. Vergessen Sie Ihre Unternehmenskultur nicht. Sie müssen Sie immer mitdenken und weiterentwickeln.

9. Keine Dampfwalze! Berücksichtigen Sie unbedingt die Ängste der Beteiligten, und gewinnen Sie die Kritiker für Ihr Projekt. Nutzen Sie ihren kritischen Blick.

10. Seien Sie nicht zu sehr auf ein starres Endziel fokussiert! Feiern Sie Etappensiege, schenken Sie Anerkennung, feiern Sie auch kleine Erfolge. Und lassen Sie sich Raum für Justierungen der Zielvorstellung.

11. Geben Sie nicht auf. Hartnäckigkeit und Durchhaltevermögen sind unerlässlich. Sie brauchen langen Atem.

12. Bleiben Sie flexibel. Sie müssen immer bedenken, dass sich alles ändert, wenn sich an einer Stelle etwas ändert.

Letztlich brauchen Sie für jede Veränderung fünf Dinge
1. **Wollen oder Müssen (Vision oder Krise)**
2. **Vision**
3. **Geplante Ziele**
4. **Überzeugte Mitstreiter**
5. **Dauernde Optimierung der Prozesse**

PLANEN ✓

Jede Veränderung Ihres Projekts muss geplant sein. Denn es geht ja um Verbesserung! Für viele Manager ist Veränderung schon zum Synonym für Verbesserung geworden. Das stimmt aber nicht. Man kann Dinge auch zum Schlechten verändern – wenn der Veränderung keine gute Analyse und kein guter Plan zugrunde liegen.

Am Anfang steht also nicht Aufregung positiver oder negativer Art, weder hektische Begeisterung für eine neue Vision noch entsetzte Krisenpanik, sondern eine Analyse des Istzustand und des Umfelds. Eine solche Analyse lässt sich nur mit kühlem Kopf durchführen. Erinnern Sie sich noch an den Kernsatz aus dem ersten Kapitel dieses Buchs? Sie müssen alles über Ihr Projekt wissen.

Sie brauchen alle Informationen. Sie müssen unter die Oberfläche schauen. Sie müssen klären, welche Veränderungen nötig sind. Denn am Ende sind Sie schuld am Erfolg.

Planen und organisieren Sie nicht nur den Ablauf der Veränderung, sondern auch die Beteiligung und Unterstützung durch Ihre Leute. Sie brauchen dazu alles, was wir schon am Anfang dieses Buchs gesagt haben, vor allem aber auch in dieser Phase eine Vision, die alle überzeugt.

》Das Kunststück ist nicht, dass man mit dem Kopf vor die Wand rennt, sondern dass man mit den Augen durch die Tür findet.《 Georg von Siemens

MENSCHEN
MITNEHMEN

Wenn Sie einen Veränderungsprozess anstoßen, müssen Sie alle Beteiligten mitnehmen. Da Sie das allein auf keinen Fall schaffen, müssen Sie vor allem die Schlüsselfiguren in Ihrem Projekt überzeugen. Denn diese Menschen sind es, die Ihre Vision weitertragen und die nächste Ebene mit einbeziehen. Wenn das gut läuft, »gehen Sie viral« und müssen selbst gar nichts mehr tun.

Beziehen Sie vor allem auch die Kritiker des Veränderungsprozesses ein. Sie müssen immer davon ausgehen, dass nicht alle Beteiligten oder Betroffenen Change freudig begrüßen. Veränderung kann Menschen auch Angst machen. Nehmen Sie das ernst!

Lassen Sie sich nicht dazu hinreißen, Kritiker als »Bedenkenträger« abzuqualifizieren. Hören Sie ihnen zu, geben Sie ihnen Raum, ihre Kritik fundiert und offen zu äußern. Nichts ist schlimmer als das Geraune und Gemurre auf dem Flur. Es schafft nur schlechte Stimmung und bewirkt absolut nichts. Also sorgen Sie für Möglichkeiten, Kritik offen und laut auf den Tisch zu bringen. Sie entsteht ja nicht ohne Grund.

Aber bleiben Sie dabei nicht stehen. Menschen spüren sehr genau, ob man ihre Kritik und Bedenken wirklich berücksichtigt oder ob man ihnen nur Gelegenheit geben will, Dampf abzulassen, und dann ungerührt weitermacht. Geben Sie Kritikern eine Rolle im Change-Prozess, machen Sie sie zu kritischen Partnern. Die Mischung macht's. Und für die richtige Mischung Ihrer Partner im Change-Prozess müssen Sie sorgen. Das ist allein Ihre Aufgabe, hier dürfen Sie nichts dem Zufall oder irgendwelchen »gruppendynamischen Prozessen« überlassen.

Wenn Sie in Ihrer Planung an diesem Punkt angekommen sind, treten Sie noch mal einen Schritt zurück. Schauen Sie sich die gesamte Planung an und versuchen Sie, sie von hinten zu denken. In welcher Weise nützt und dient diese Veränderung unseren Gästen? In welcher Weise nützt sie den Mitarbeitern? Nehmen Sie die Menschen in den Blick, wenn Sie Veränderung planen.

KOMMUNIKATION IST **ALLES**

Veränderung braucht Kommunikation. Und richtige Kommunikation im Rahmen einer Change-Strategie ist ehrlich, klar und fokussiert. Erinnern Sie sich daran, es geht darum, alle Beteiligten mitzunehmen. Eine der wichtigsten Fragen in diesem Zusammenhang lautet: »Wissen das die anderen schon?«

Das gilt auch und in ganz besonderer Weise für Meetings. Wenn Sie etwas in Ihrem Unternehmen verändern wollen, ist es eine gute Idee, bei den Meetings anzufangen. Denn die Hälfte aller Meetings verdummen und stehlen allen Beteiligten die Zeit.

WINNERS HAVE PARTYS - LOOSERS HAVE MEETINGS.

Sie sehen nämlich meistens so aus: Die Leitwölfe und High Performer preschen vor, die Mitläufer sind dabei, die Gegner dagegen. An diesen Rollen verändert sich nichts. Am Ende kommt raus, was alle schon vorher wussten. Wenn Meetings so laufen, kann man sie sich ebenso gut schenken.

ZEHN IDEEN FÜR BESSERE MEETINGS

Klassische Meetings sind oft wenig inspirierend und langweilig. Sie haben zu viele Teilnehmer, die eigentlich anderes zu tun hätten, ziehen sich mit ziellosen Gesprächen in die Länge, werden ineffektiv, weil allzu viele Teilnehmer heimlich am Smartphone oder Laptop abgelenkt sind. Generell gilt: Meetings müssen Spaß machen, wenn sie etwas bringen sollen. Menschen wollen unterhalten werden. Also sorgen Sie für Entertainment: Machen Sie die Meetings aufregend, notfalls mit ein bisschen Drama, inszenieren Sie sie. Überraschen

Sie die Teilnehmer bei längeren Meetings mit einer spannenden Pause (Musik, ein Überraschungsgast …). Werden Sie kreativ und denken Sie auch im Zusammenhang mit Meetings an Ihre Rolle als Gastgeber.

1 Kleingruppen sind effektiver und entschlussfreudiger als allzu große Runden. Die ideale Teilnehmerzahl beträgt sechs bis acht Personen. Laden Sie nur die notwendigen Menschen ein. Wer lediglich informiert werden muss, erhält ein Protokoll. Im Meeting brauchen Sie die Entscheider, damit dort auch gleich Beschlüsse gefasst werden können.

2 Achten Sie bereits bei der Einladung auf Klarheit. Sie sollte die folgenden Informationen enthalten: wer, wo, wann, was. Welche Themen, welches Ziel, wie viel Zeit (möglichst kurz und knackig).

3 Versuchen Sie es mal mit der Methode von Amazon-Gründer Jeff Bezos. Er lässt den Inhalt des Meetings vorab in Form eines Textes verschicken (maximal sechs Seiten), den alle bis zum Beginn des Meetings gelesen haben müssen. So kann er auf langweilige PowerPoint-Präsentationen verzichten. Übrigens lautet seine Faustregel für die Teilnehmerzahl: Maximal so viele, wie von zwei großen Pizzen satt werden.

4 Sorgen Sie für eine inspirierende, aber ablenkungsfreie Umgebung. Klassische Konferenzräume sind häufig weder das eine noch das andere. Seien Sie kreativ bei der Suche nach neuen Besprechungsräumen. Vielleicht können Sie das Meeting auch mal auf einer Wiese abhalten. Oder in einer möglichst ruhigen Straßenbahn. Bis zur Endstation ist alles besprochen, und dann geht es zum Lunch … Denken Sie bei längeren Meetings daran, dass Menschen gerne gut essen. Weg von der üblichen Pausenverpflegung! Lassen Sie sich etwas einfallen! Ideal für mehr Prägnanz und Effektivität sind kürzere Meetings im Stehen oder im Stuhlkreis ohne Tisch. In dieser Umgebung und Haltung bleibt niemand lange ohne Grund.

5 Sorgen Sie dafür, dass alle Meinungen gehört und wertgeschätzt werden. Schützen Sie »Schüchterne« vor den immer noch verbliebenen »Alphas«. Bauen Sie Wertschätzung für die Teilnehmer ein.

6 Denken Sie »out of the box«. Wenn es nicht mehr weitergeht, stellen Sie paradoxe Fragen wie: »Was können wir tun, damit unser Problem noch größer wird?« Oder: »Was müssen wir tun, damit gar keine Gäste mehr kommen?«

7 Machen Sie sich das GEMO-Prinzip zu eigen. GEMO ist die Abkürzung für Good Enough – Move on. Nicht alles ausdiskutieren, nicht immer muss zu einem Thema jeder etwas sagen. Wenn das Ergebnis gut genug ist, machen Sie weiter und gehen zum nächsten Tagesordnungspunkt über. So bleibt das Meeting dynamisch und spannend.

⑧ Kommunikation nach außen (Smartphone, Laptop) und nach innen (andere Personen im Raum) ist nur erlaubt, wenn sie zum Thema gehört. Sie darf im Rahmen des Meetings auch gern kreativ sein, sollte aber nicht abschweifen. All die angeblich kurzen Zwischenbemerkungen und Abschweifungen summieren sich und stehlen Unmengen von Zeit. Geben Sie aber trotzdem Gelegenheit zum Netzwerken. Vielleicht können Sie bei (längeren) Meetings die ersten zehn Minuten als »Plauderzeit« einplanen.

⑨ Während des Meetings wird alles Besprochene so gut wie möglich visualisiert. Schreiben, Karten, Sketchnotes … alles gut, und häufig brauchen Sie dazu keine große technische Ausrüstung. Ein Flipchart, ja selbst die gute alte Wandtafel, reicht meistens aus. Wenn nötig, nutzen Sie moderne Präsentationssoftware wie PREZI, mit der man dialogorientiert arbeiten kann. Clustern Sie dabei Zwischenergebnisse, sodass sie mit dem Handy fotografiert werden können. Nützlich ist auch ein lebendes Dokument, mit dem die Teilnehmer hinterher weiterarbeiten können.

⑩ Ergebnisse werden verbindlich protokolliert. Der Protokollant wird vor Beginn des Meetings festgelegt und ist verpflichtet, das Protokoll innerhalb von 24 Stunden zu verschicken: an die Teilnehmer und sonstige Personen, die die Informationen brauchen. Das Protokoll muss die Beschlüsse enthalten, aber auch die für die Umsetzung zuständigen Personen und die Zeiträume. Was ist zu tun? Wer tut es mit wem? Bis wann?

Meetings sind aber nur punktuelle Ereignisse. Ihre Kommunikation im Change-Prozess muss kontinuierlich sein. Sie brauchen einen dauerhaften »heißen Draht« zu Ihren Leuten, wenn sie erreichen wollen, dass sie die positive Energie wahrnehmen und umsetzen. Ihr Ziel: Die neue, veränderte Vision muss geteilt und akzeptiert werden. Sonst gibt es keine Veränderung.

LEUCHTTURMERFOLGE

Während eines Change-Prozesses müssen Sie ihr Team unter Umständen durch ein tiefes Tal führen, denn nach der ersten Euphorie kann eine Phase der Komplexität folgen, bei der die Stimmung sinkt. Doch in jedem Prozess dieser Art gibt es auch Höhepunkte, Zwischenerfolge, die Sie feiern können.

Das sollten Sie dann auch tun, ausgiebig, freudig, aber ohne zu übertreiben.

Gemeinsam gelöste Probleme und bewältigte Krisen können ein Team zusammenschweißen. Doch auch kleine Erfolge und Beispiele können, wenn man sie richtig kommuniziert, viel bewirken und Menschen Hilfe und Sicherheit geben.

Was Sie davon im Changeprozess haben? Sie machen Ihre Mitarbeiter zu Mitunternehmern. Und die neue Vision wird zu einer gemeinsamen, allgemein akzeptierten Vision.

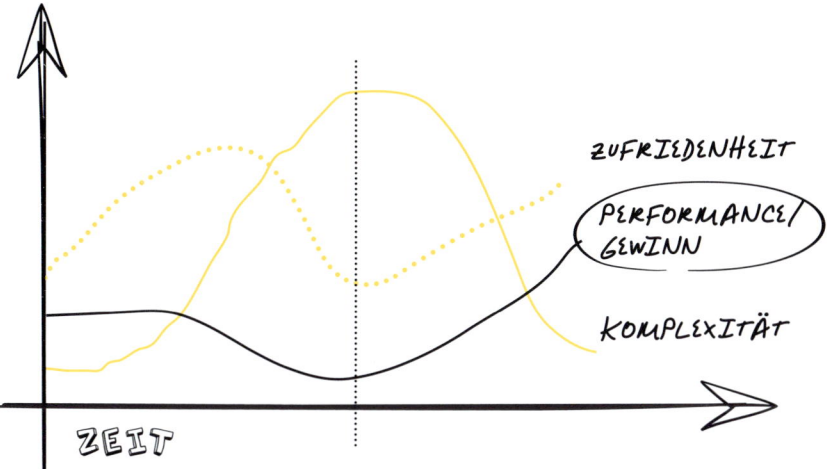

DIE MENSCHEN
STOLZ MACHEN

Nur ein kurzer Abschnitt, aber wichtig: Machen Sie die Menschen stolz, mit denen Sie arbeiten. Ihre Mitarbeiter, Ihre Leute, auch alle, die von außen an Ihrem Projekt beteiligt sind, sollten die Chance haben, stolz zu sein. Auf ihre eigene Arbeit, auf das gemeinsam Erreichte, auf die Produkte, die Gäste, die Kollegen. Auf ihr Team und ihren Chef. Kurz: auf die ganze Organisation. Hierzu habe ich das meiste von unseren Zwillingen Henry und Olivia gelernt. Es ist so schön, sie »stolz zu sehen«, und beeindruckend zu welchen Leistungen sie mit großer Freude fähig sind.

AGIL ARBEITEN

Zu Beginn dieses Buches haben wir schon das Konzept agiler Organisationen angesprochen. In einem bestehenden Unternehmen sollen Sie nun nicht alles umkrempeln, aber es lohnt sich, die Prinzipien agiler Organisationen noch einmal genauer kennenzulernen und sie so gut es geht auf ihr eigenes Projekt anzuwenden.

Agile Unternehmen sind im Moment ein Topthema. Und das aus gutem Grund. Agilität ist die Fähigkeit einer Organisation, schnell auf veränderte Bedingungen zu reagieren – bestenfalls in Echtzeit. Eine agile Organisation ist also immer auch eine lernende Organisation.

Entscheidend ist dabei, dass die neuen Erkenntnisse, auf die reagiert werden soll/muss, auch allen Beteiligten zugänglich gemacht werden.

Agilität ist die Basis für Teamarbeit, nicht nur innerhalb eines Teams, sondern auch von Teams untereinander. Fachwissen und Kompetenzen werden teamübergreifend genutzt und anderen Teams zur Verfügung gestellt. Großzügigkeit, Transparenz und die Bereitschaft zum Geben sind also gefragt.

Dazu bedient man sich Collaboration Tools wie beispielsweise SLACK oder VALIDO (praxisnah aus dem Schindlerhof). Zur Projektbearbeitung bieten sich Tools wie TRELLO oder MEISTERTASK an.

Agilität ist die perfekte Grundlage für das »neue Arbeiten« mit schnell sich wandelnden Märkten und Anforderungen. Sie passt gut zu flachen Hierarchien und scheint den jungen Digital Natives wie auf den Leib geschneidert. Kein Wunder: Viele ihrer Methoden und Techniken stammen aus der Softwareentwicklung, wo Teams von jeher über große Distanzen zusammenarbeiten.

Aber obwohl Teamleader in solchen Organisationen oft »Erste unter Gleichen« sind und es keine klassischen »Vorgesetzten« gibt, braucht Agilität ein hohes Maß an Organisation, Regeln und Führung. Achtsamkeit und Teamkultur sind wichtig und müssen gepflegt und weiterentwickelt werden. Agiles Arbeiten kann durchaus zusätzliche Anstrengungen nötig machen, weil statt Führung »von oben« ständige Abstimmung und Selbstorganisation gefragt sind.

Es versteht sich fast von selbst, dass solche Organisationsformen nicht jedermanns Sache sind. Und auch der Übergang in einer bestehenden Organisation zu solchen Konzepten kann durchaus mühsam sein und muss gut begleitet werden. In vielen Fällen ist ein Mischmodell ratsamer – und genau das empfehle ich auch häufig meinen Beratungskunden.

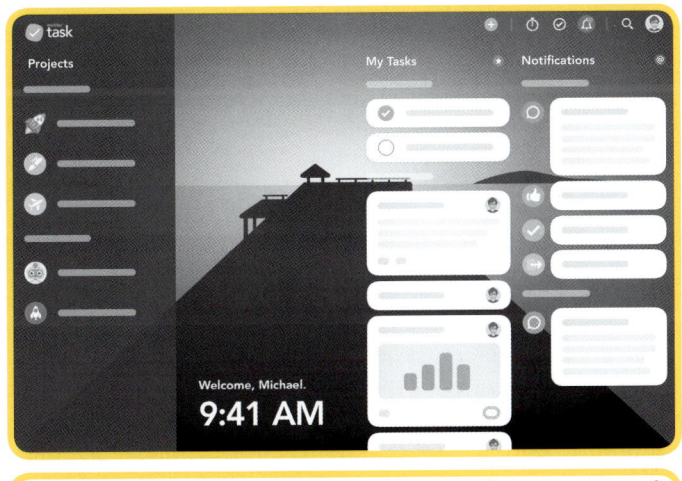

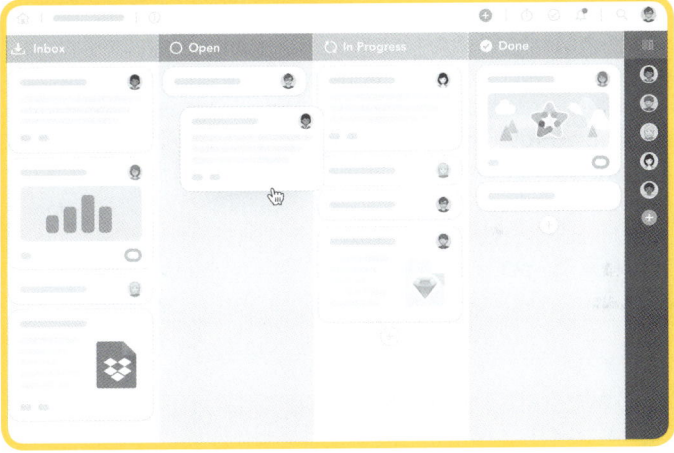

Kanban (bedeutet Schild) wurde in Japan für Fertigungsprozesse entwickelt. Es ist eine agile Methode für evolutionäres Change Management. Bestehende Prozesse werden transparent für jeden Beteiligten in kleine Schritte geteilt, abgearbeitet und an den nächsten übergeben. Das spart Zeit, schafft Transparenz und ist ideal für agiles Arbeiten. Auf dem Kanban-Board werden die Schritte (Aufgaben) mit »Schildern« visualisiert. Das geht mit Haftnotizen, aber auch vernetzt am Computer oder an einer mobilen Plattform.

RICHTIG
ENTSCHEIDEN

Entscheidungen müssen klar und mit Haltung getroffen werden. Dafür gibt es Prinzipien und Regeln, die das Entscheiden und Handeln erleichtern. Und Entscheiden muss geübt werden, am besten schon in der Kindheit. Nebenbei bemerkt: Die meisten Eltern nehmen ihren Kindern heute zu viel ab und entscheiden zu viel für sie. Klare Führung durch die Eltern muss sein, aber sie sollten Verantwortung geben und Selbstständigkeit fördern. Wer das Entscheiden nicht von klein auf lernt, läuft Gefahr, vor den vielen Wahlmöglichkeiten der heutigen Welt zu kapitulieren. Unsere Gesellschaft belohnt automatisiertes Verhalten. Aber es führt ganz sicher nicht zu einem befriedigenden persönlichen oder unternehmerischen Erfolg.

Leader sorgen für Entscheidungen, vor allem in Konfliktsituationen und Krisen. Die »right decision« auf der Basis der eigenen Werte und Visionen führt hier fast immer zum Erfolg.

Die wichtigsten Schritte will ich hier nur kurz zusammenfassen.

》Der Mensch opfert seine Gesundheit, um Geld zu machen. Dann opfert er sein Geld, um seine Gesundheit wieder zu erlangen. Und dann ist er so ängstlich wegen der Zukunft, dass er die Gegenwart nicht genießt; das Resultat ist, dass er nicht in der Gegenwart lebt; er lebt, als würde er nie sterben, und dann stirbt er und hat nie wirklich gelebt.《 Dalai Lama

ENTSCHEIDUNG
IST ALLTAG

> Wertorientiert leben macht Erfolg möglich.
> Eigene Entscheidungen konsequent durchziehen, auch wenn sie mit Mehraufwand verbunden sind.
> Richtig und strategisch entscheiden. Lieber falsch als gar nicht – nicht getroffene Entscheidungen beeinflussen die eigene Stimmung negativ.
> Vor einer Entscheidung Informationen sammeln. Aber vergeuden Sie damit nicht zu viel Zeit. Amazon-Gründer Jeff Bezos hat einmal gesagt: »Wer wirklich alles wissen will, ist zu langsam.« Er hat leider recht.
> Entscheidungen nicht aufschieben, gerade in Konfliktsituationen. Sorgen Sie für eine Entscheidungskultur in Ihrem Unternehmen, geben Sie Verantwortung und Entscheidungskompetenz ab, dann müssen Sie nicht jeden Kleinkram selbst entscheiden.
> Keine »faulen« Entscheidungen, kein sinnloser Konsens! Die Entscheidung muss Bestand haben und nicht nur kurzfristig für Harmonie sorgen.
> Beziehen Sie Zweifler und Querdenker mit ein. Das ist manchmal unbequem, hilft aber, später Fehler zu vermeiden. Außerdem nimmt es diese Menschen mit ins Boot. Die größten Innovationen kommen von den unbequemen Zeitgenossen, die am Status Quo zweifeln.
> Wenn Sie angesichts einer A-oder-B-Entscheidung mit keiner Möglichkeit zufrieden sind, prüfen Sie, ob es nicht doch noch irgendwo C und D gibt. Vielleicht brauchen Sie in diesem konkreten Fall auch eine Mischung. Es ist nicht immer alles schwarz oder weiß, Grau ist eine sehr lebendige »Farbe«. Wenn Sie sich absolut unsicher sind, fragen Sie unbeteiligte Dritte.
> Und wenn gar nichts mehr hilft? Dann helfen Sie Ihrer Intuition, indem Sie eine Münze werfen. Auf die Antwort der Münze reagiert nämlich ihr Bauchgefühl – und dem können Sie dann gut folgen. Entweder akzeptiert es diese Antwort, oder es leistet Widerstand.

GROSSE ENTSCHEIDUNGEN

Bei großen Strategieentscheidungen müssen Sie noch etwas systematischer und geplanter vorgehen. So eine Entscheidungsfindung läuft im Prinzip in vier Schritten ab:

1. Klare Situationsanalyse
2. Entwicklung von Alternativen
3. Abwägen der Lösungsmöglichkeiten
4. Entscheiden und durchführen

Die Situationsanalyse sollte möglichst alle Aspekte berücksichtigen. Betrachten Sie die derzeitige Lage aus allen nur denkbaren Blickwinkeln. Holen Sie sich dazu Hilfe von Menschen, die eine andere Perspektive einnehmen als Sie. Fragen Sie sich generell: Welche Menschen sind an der Entscheidung beteiligt und von ihr betroffen? Berücksichtigen Sie auch fremde Wahrnehmung, verborgene Anliegen, Wünsche und Unvorhersehbares.

Die Entwicklung von Alternativen ist der zweite Schritt. Auch die werden Sie nicht allein im stillen Kämmerchen leisten können. Suchen Sie sich die richtigen Leute aus Ihrem Team dafür. Gehen Sie das Thema aus verschiedenen Richtungen an, nutzen Sie Brainstorming und Out-of-the-box-Denken. Beziehen Sie Querdenker und Zweifler mit ein. Hören Sie dem Team achtsam zu, vor allem den Introvertierten und Leisen. Wenn Ideen auftauchen, halten Sie sie sofort fest, visualisieren Sie sie. Im Zuge dessen werden Sie auch Szenarien aufstellen und wieder von allen Seiten betrachten. Entwickeln Sie Optionen, die Sie einen Schritt weiterbringen.

Im dritten Schritt müssen Sie nämlich jetzt diese Optionen abwägen. Prüfen Sie Vor- und Nachteile jeder einzelnen Option. Wenn nötig, entwickeln Sie eine Entscheidungsmatrix. In vielen Fällen genügen aber Listen der Vor- und Nachteile, die die einzelnen Faktoren nicht nur visualisieren, sondern auch gewichten. Entwickeln Sie einen Plan B für den Notfall. Und nehmen Sie Ihre Leute mit auf den Weg.

Zwei Fragen stehen bei der Abwägung im Mittelpunkt. Erstens: Ist das, was wir hier entwickeln, eine nachhaltige Lösung? Denn kurzfristige Lösungen, die nur wie ein Heftpflaster wirken, sollten Sie vermeiden. Letztlich führen kurzfristige Lösungen eher zu langfristigen Problemen. Zweitens: Passt die Option zur Gesamtstrategie? Vergessen Sie nie Ihre Vision!

Im vierten Schritt wird entschieden und die Durchführung veranlasst. Die Entscheidung sollte von allen am Prozess Beteiligten gemeinsam erfolgen. Einsame Leitwolfentscheidungen sind eine Sache von gestern. Protokollieren Sie die Entscheidung und legen Sie Termine und Verantwortlichkeiten für die Durchführung fest. Wer, wann, mit wem ... Begleiten Sie die Durchführung dann wohlwollend und kontinuierlich, ohne den Verantwortlichen »ins Handwerk zu pfuschen«. Bleiben Sie dabei, aber bleiben Sie im Hintergrund. Wenn fachliche Hilfe nötig ist, sorgen Sie dafür, dass sie zur Stelle ist, wo sie gebraucht wird. Und bearbeiten Sie Herausforderungen im Prozess der Durchführung sofort. Pain Points und hemmende Hindernisse können Sie überhaupt nicht gebrauchen.

Point of no return

Als ich noch sehr jung war, habe ich mir kurzzeitig sehr gewünscht, Pilot zu werden. Die Mindestgröße von eins fünfundsiebzig hatte ich, doch mein Englisch reichte für die Prüfung bei Weitem nicht aus. Und ein Mathegenie war ich auch nicht.

Als ich mit meinem ersten Café in Frankfurt, dem Café au Lait, Erfolg hatte, nahm ich mir vor, quasi als Belohnung den Pilotenschein zu machen – denn jetzt konnte ich es mir sowohl zeitlich als auch finanziell endlich leisten. Das war für mich auch ein Stück weit der Beweis, dass ich »es geschafft hatte«. Der Schein kostete zehn Mal so viel wie ein Autoführerschein, aber das war es mir wert. Ich war stolz wie Oskar, als ich die Prüfung geschafft hatte, bin viele Jahre lang geflogen. Und ich habe dabei sehr viel gelernt, was ich für mein Leben als Unternehmer brauchen konnte.

Anders als im Auto, wo man meistens einfach losfährt, ohne sich viele Gedanken zu machen, hat man bereits beim Einsteigen in ein Flugzeug einen ganz klaren Plan. Es gibt eine Checkliste, die zu hundert Prozent abgearbeitet werden muss. Jeder einzelne Punkt wird gecheckt. Vor jedem Flug werden die Bremsscheiben an jedem Rad überprüft. Wenn man das ein paarmal gemacht hat, wird einem schmerzhaft klar, wie nachlässig man an anderen Stellen ist – nicht nur im Auto. Natürlich ist Fliegen schwieriger als Auto fahren, aber in der Luft kann ich mir zum Beispiel ein paar Meter Abweichung vom Kurs leisten. Auf der Autobahn bei hoher Geschwindigkeit entscheiden zwei Meter nach links oder rechts über Leben und Tod.

Deshalb ergeben Checklisten Sinn. Risiko macht Spaß, aber im Unternehmensbereich kontrolliert man das Risiko, indem man einige Dinge routinemäßig immer abcheckt.

Das zweite Thema ist die gute Vorbereitung. Vor einem Flug checkt man das Wetter und die Sichtverhältnisse, bereits am Vortag. Nur mit Planung und der inneren Sicherheit, die sich daraus ergibt, macht das Ganze Spaß. Im Projektbereich bringt eine gute Vorbereitung immer einen Vorteil.

Und das Dritte: Man muss bestimmte Regeln einhalten. So gibt es zum Beispiel auf der Start- und Landebahn einen »Point of no return«. Wer diesen Punkt, etwa auf der Hälfte der Startbahn überschreitet, muss abheben. Wenn ich aus irgendeinem Grund merke, ich kann vielleicht nicht abheben, muss ich an diesem Punkt abbremsen und das Flugzeug ausrollen lassen. Ich unternehme nicht den Versuch, es bis zum Ende der Startbahn noch irgendwie zu versuchen. Denn wenn mir das nicht gelingt, schieße ich über das Ende der Startbahn hinaus, und das kommt einer Katastrophe gleich.

Übertragen auf den Unternehmensbereich heißt das: Man muss wissen, wo in der Planung eines Projekts der »Point of no return« ist. Wenn man erkennt, dass das »eigene Ding« vielleicht nicht richtig fliegen wird, muss man abbremsen. Jeder von uns kennt Geschichten von Unternehmern, die nicht wahrhaben wollten, dass das Projekt nicht funktioniert, und viel Geld verloren haben bei dem vergeblichen Versuch, es doch noch zum »Fliegen« zu bringen.

»In the middle of difficulty lies opportunity.« Albert Einstein

RICHTIG
FÜHREN

Erfolg ohne andere Menschen geht nicht. Also müssen Sie führen. Auch, weil Change nur mit guter Führung möglich ist. Warum ich diesen Punkt so betone? Weil ich immer wieder erlebe, dass Management und Führung verwechselt werden. Management jedoch ist Arbeiten im System. Führung ist Arbeiten am System. Management muss Komplexität bewältigen und im Alltag handhabbar machen. Führung darf durchaus inspirierende Komplexität (»kreatives Chaos«) auslösen und fördern. Denn nur so entstehen neue Ideen und sogar Disruptionen, die manchmal dringend nötig sind.

Dazu muss aber gleich noch gesagt werden, dass diese Unterscheidung nicht unbedingt auch eine Verteilung der Aufgaben auf mehrere Personen verlangt. Gerade in kleineren Unternehmen ist der Leader ja auch der Manager, also der »operative Chef«.

Hier soll es aber tatsächlich nicht ums operative Tagesgeschäft gehen, sondern um die Führungsaufgaben, die im Alltag leider allzu oft in den Hintergrund geraten.

DIENEND FÜHREN

Über das Konzept von »Servant Leadership« oder »dienendem Führen« haben wir in diesem Buch schon gesprochen. Entwickelt von Stephen Greenleaf, hat dieses Führungskonzept viel Aufsehen erregt, auch wenn es nicht unumstritten ist. Aber die Grundidee, dass nämlich jeder Leader vor allem die Aufgabe und die Rolle hat, seinen Leuten und seinen Gästen zu dienen, macht das dienende Führen zum idealen Führungswerkzeug für agile

Organisationen. Angepasst an die individuellen Bedürfnisse Ihrer Organisation passt es gerade heute sehr gut. Einige Grundregeln zur Anwendung von dienendem Führen in Change-Prozessen:

- ❄ Beteiligen Sie Menschen ECHT an Führung und Veränderung. Ihre Leute müssen etwas davon haben. Und Sie müssen wirklich beteiligt, nicht nur »gehört« werden.

- ❄ Heißen Sie Herausforderungen und Widerstände willkommen. Sie machen Sie selbst und das Team besser, wenn Sie ihnen eine Chance dazu geben. Fördern Sie in Ihrem Projekt den Mut, den Mund aufzumachen.

- ❄ Machen Sie die Menschen stolz und stark. Über den Stolz haben wir schon gesprochen. Stark werden Ihre Leute, wenn Sie auf der einen Seite Stärken erkennen und fördern, auf der anderen Seite Schwächen akzeptieren und ausgleichen. Und Achtung: Das ist eine Daueraufgabe!

- ❄ Es geht nur mit den richtigen Leuten. Die Besten sind für Ihr Projekt gerade gut genug. Wie Sie die finden? Nehmen Sie sich schon beim Vorstellungsgespräch Zeit. Eine oder mehrere Stunden und Termine pro Bewerber sollten es schon sein. Und gehen Sie in dieser Stunde achtsam mit dem um, was Sie erfahren. Oft ist nicht der Lebenslauf entscheidend, sondern die Haltung. Sie stellen schließlich den ganzen Menschen ein.

- ❄ Geben Sie Verantwortung und legen Sie Verantwortlichkeiten fest. Legen Sie darüber hinaus auch fest, wer betroffen ist, wer unterstützend tätig sein soll, wer informiert werden muss.

- ❄ Konzentrieren Sie sich auf die Chancen, weniger auf die Risiken. Machen Sie Ihr Projekt groß und erfolgreich, aber erhalten Sie sich den Schwung der Anfangszeit.

- ❄ Führen Sie charismatisch. Lernen Sie sich selbst gut kennen und coachen Sie sich – oder lassen sich coachen. Auch für Selbst-Reflexion muss im Alltag Raum bleiben. Gleichen Sie Eigen- und Fremdsicht gegeneinander ab.

STRUKTUREN
UND REGELN

Eine Ihrer wichtigsten Aufgaben als Leader: Kümmern Sie sich immer auch um die Strukturen Ihrer Organisation. Nur mit guten Strukturen und klaren Regeln können Sie eine sichere und kreative Arbeitsumgebung schaffen. »Dienen« Sie Ihren Mitarbeitern und Kollegen

---

SICHERHEIT IM TEAM GARANTIERT DEN ERFOLG

Damit ein Team erfolgreich sein kann, müssen sich alle Mitglieder sicher fühlen. Dieses Gefühl der Sicherheit herzustellen ist eine der wichtigsten Führungsaufgaben. Sicherheit im Team hat fünf Komponenten:

✳1 **Psychologische Sicherheit:** Jeder im Team fühlt sich sicher, spürt keine Gefahr von Angriffen. Jeder darf alles sagen, jede These in Frage stellen, eigene Thesen in den Raum stellen, ohne dafür mit negativen Konsequenzen rechnen zu müssen. Das gilt auch und ganz besonders für die Meinung des Chefs! Es gibt keine Gehässigkeiten, keinen »Anschiss«, keine Demütigungen oder Respektlosigkeiten. Gefördert werden Empathie, Freundlichkeit, Respekt und konstruktives Miteinander. In diesem Klima können Menschen sich entspannen und kreativ werden.

✳2 **Verlässlichkeit.** Alle Beteiligten liefern ihre zugesagten Arbeitsergebnisse pünktlich und in hoher Qualität.

✳3 **Struktur und Klarheit.** Jeder kennt die gemeinsamen Ziele, seine eigene Rolle und den gemeinsamen Plan, um die Ziele zu erreichen.

✳4 **Sinn.** Das Ergebnis, an dem das Team arbeitet, hat für jedes Mitglied des Teams eine hohe persönliche Bedeutung.

✳5 **Wirkung.** Alle Mitglieder des Teams glauben daran, dass die gemeinsame Arbeit positive Auswirkungen haben wird.

VORBILD
SEIN

⟫Ärmel aufkrempeln

Als ich mit meiner Frau erst relativ kurz zusammen war, hatten wir ein großes Lokal, das »Living«. Dining & Dancing hieß das Konzept. Viele Jahre lang war das der populärste und hippste Laden in Frankfurt. Es war mit seinen 2000 Quadratmetern riesengroß, richtig gut, ständig in den Medien präsent, bei uns wurden Filme gedreht, Modecastings liefen dort. Wir hatten tolles internationales Essen mit asiatisch-kalifornischem Einschlag, abends kam Dancing dazu. Sonntags war Dinner & Dance für die Gay-and-Friends-Community. Und das alles war gut inszeniert – und immer voll.

Weil ich es mir zur Gewohnheit gemacht hatte, jeden Tag ein paar meiner Läden zumindest zu besuchen, verbrachten meine Frau und ich oft den Samstagabend dort, um zu essen und auch mal zu tanzen. Aber vorher machte ich einen kreisrunden Weg durchs Lokal und in alle Abteilungen und begrüßte sämtliche Mitarbeiter. Fast immer mit Namen, wenn es ging, mit Handschlag.

Besonders lange hielt ich mich in der Spülküche auf, wo die neuen, oft nicht deutschsprachigen Mitarbeiter waren, aus denen wir in vielen Fällen sehr bald gut integrierte Küchenkräfte, oft gute Köche und auf jeden Fall treue Mitarbeiter machten.

Das alles war im Prinzip gut organisiert, aber natürlich gab es hier und da personelle Ausfälle und Engpässe. Dann konnte es schon mal sein, dass ich mit anpacken musste und das auch tat. Und wenn es nur für eine halbe Stunde zur Spitzenzeit war.

Die meisten Dinge in meinen Betrieben konnten meine Mitarbeiter besser als ich. Ich bin kein besonders guter Koch, und Cocktails sind auch nicht meine größte Stärke. Und meine Serviceleute servieren um Längen eleganter als ich. Drei Sachen kann ich wirklich gut: Gläser spülen, Bier zapfen und in der Spülküche aushelfen. Und genau das habe ich gemacht, wenn Not am Mann war, um irgendjemanden freizustellen für die qualifizierte Arbeit.

Am nächsten Morgen hatte es sich immer schon herumgesprochen, in allen meinen 13 Läden, dass ich mal wieder im weißen Hemd eine Dreiviertelstunde in

der Spülküche Töpfe geschrubbt hatte. Und das war immer gut fürs Team. Meine Frau, die heute ca. zehn Hotels führt, arbeitet heute nach den gleichen Prinzipien und versteht vielleicht besser denn je, warum sie damals manchmal warten musste. Ich bin ihr für ihre Unterstützung unendlich dankbar – gestern und heute.

Vorbild sein heißt: Führung leben. Wenn Ihre Leute gern so sein wollen wie Sie, machen Sie irgendetwas richtig. Das heißt nicht, dass man Sie imitiert. Sondern Sie sollen ein motivierender Leitstern sein, an dem sich Ihre Leute orientieren können. Mit Ihrem Erfolg zeigen Sie ihnen, dass Anstand, Freundlichkeit und Respekt sich auszahlen.

Und wenn Sie wissen wollen, wie man all das ganz kurz zusammenfasst, biete ich Ihnen hier meinen Leadership-Konsens an. Wie so oft in diesem Buch hat auch er fünf Punkte. Kürzer und prägnanter geht es nicht.

LEADERSHIP-KONSENS

- Kommunizieren Sie gut, klar und verbindlich. Und lassen Sie dazu auch Ihre Taten sprechen.
- Seien Sie großzügig, aber lassen Sie sich nie ausnutzen.
- Fokussieren Sie sich auf die fünf Dinge, die Sie richtig gut können – und delegieren Sie den Rest.
- Beseitigen Sie Probleme im Unternehmen. Die gibt es immer. Suchen und heilen Sie sie rechtzeitig und gründlich, bevor Schaden entsteht. Wenn Sie sie ignorieren, werden sie nur größer.
- Zeigen Sie Ihre Leidenschaft. Dann werden andere große Lust haben, Ihnen zu folgen.

Denken Sie an das »große Ganze« – an Ihre großartige Zukunft und die Ihres Projekts

---

Führen ist eine Lebensaufgabe. Und Ihre Form von Leadership wird sich im Laufe Ihres Lebens entwickeln. Werteorientiertes Führen, das die Menschen in den Mittelpunkt stellt, ist ein lohnender Weg. Sie sind immer selbst schuld. Und Sie haben die Wahl.

FOKUSSIERUNG: FIRST THINGS FIRST

Erfolg ist kein Zufall. Mit Glück und Unglück hat er nichts zu tun. Aber Erfolg ist eigentlich ein Wort mit drei Buchstaben: T U N. Will sagen: Erfolg folgt nicht der Planung, sondern der Durchführung.

Organisationen müssen eine Durchführungskultur entwickeln. Zwischenstände nützen niemandem etwas, es kommt auf die Fertigstellung an. Durchführung ist eine der wichtigsten Unternehmenstugenden. Gute Leader helfen ihren Mitarbeitern, so zu denken, dass die Fertigstellung im Vordergrund steht. Das geht, wenn Menschen konsequent für Endergebnisse gelobt und belohnt werden – nicht für die Schritte auf dem Weg.

Dinge, die wirklich problematisch sind, müssen Sie sofort erledigen, sonst kommen sie wieder und blockieren Sie, im Kopf und bei der alltäglichen Arbeit.

Begleiten Sie die Fertigstellung, sodass Sie sehen, wo Hilfe gebraucht wird. Helfen Sie Ihren Mitarbeitern, große Aufgaben in kleine Teilstücke zu zerlegen. So verlieren sie die Angst vor dem großen Berg. Unterstützen Sie Ihr Team mit methodischem Wissen. Gehen Sie gut mit der Zeit um. Es ist die wertvollste und knappste Ressource, die wir haben. Das gilt für Sie ebenso wie für Ihre Mitarbeiter.

Und vor allem: Sorgen Sie für einen motivierten Anfang. Starten Sie. Jetzt. Das folgende Schild hängt bei mir im Büro:

>>Was alle Erfolgreichen miteinander
verbindet, ist die Fähigkeit,
den Graben zwischen Entschluss
und Ausführung äußerst schmal
zu halten.<< _{PETER F. DRUCKER}

SINNVOLLES
GLEICH **TUN**

Selbstverständlich soll Ihr Erfolg Sinn ergeben. Er braucht eine Vision im
Hintergrund, klare Ziele und Messbarkeit. Aber das alles hat nur Sinn, wenn
etwas getan wird. Es nützt ja auch nichts, ein Diätbuch zu lesen. Davon
nehmen Sie kein Gramm ab.

Also fangen Sie an. Planen Sie Ihre Tätigkeiten, wenn es sein muss, in
Teilstücken, die dann auch irgendwann fertig sind. Zerlegen Sie große Aufgaben in viele kleine. Aber verlieren Sie das große Ganze nicht aus dem Blick.

Und verlieren Sie Ihr Team nicht aus dem Blick. Wo gehandelt wird,
werden Herausforderungen auftauchen, die das Handeln behindern. Das ist
ein Naturgesetz. Sprechen Sie solche Herausforderungen sofort an, wenn Sie
sie bemerken. Und fördern Sie in Ihrem Team eine Kultur des Ansprechens.
Es kann sich fatal auswirken, wenn sich keiner traut, Herausforderungen
und Hindernisse zuzugeben und Ihnen immer nur berichtet, alles sei im
grünen Bereich. Irgendwann stehen Sie vor richtig großen Problemen, für
die der beschönigende Begriff »Herausforderung« dann wirklich nicht mehr
taugt. Also sorgen Sie dafür, dass Ihre Leute sich trauen, Alarm auszulösen,
wenn Hindernisse auftauchen.

DIE EINE
SACHE

Eine der effektivsten Regeln zur Fokussierung, die ich kenne, lautet: Küssen Sie jeden Morgen einen Frosch. Unangenehme Vorstellung, aber genau darum geht es ja. Wenn Sie es sich zur Gewohnheit machen, jeden Morgen eine Sache zu erledigen, die Ihnen richtig unangenehm ist – dann ist sie weg! Sie sind in Siegerstimmung, und ohne diese unangenehme Sache im Nacken können sie dem restlichen Tag viel fröhlicher entgegenblicken.

Die zweite Regel, die damit verwandt ist: Reservieren Sie sich jeden Tag Zeit für die wichtigste Aufgabe und erledigen Sie sie konzentriert und störungsfrei, am besten gleich als Erstes am Morgen. Es ist unglaublich befriedigend, Aufgaben wirklich konzentriert durchzuführen und – wichtig! – zu beenden. Stellen Sie fest, was am wichtigsten für Ihr Projekt ist, und tun Sie es zuerst. So bleiben Sie konzentriert und fokussiert.

⟫ Das Wichtigste zuerst

Ein gutes Bild zum Thema Fokussierung hat mir einmal ein Freund geschenkt. Er sagte: Nimm einmal an, jemand würde einen Sack Geld vor dir ausschütten, bunt gemischt von großen Scheinen bis hin zu Centstücken. Und er würde dir sagen, du darfst alles behalten, was du innerhalb einer Minute aufsammeln kannst. Womit würdest du anfangen? Mit den 100-Euro-Scheinen oder mit den Münzen?

Wie Sie es hinkriegen, wirklich störungsfrei und konzentriert zu arbeiten, müssen Sie für sich selbst herausfinden. Das ist eine sehr individuelle Sache. Ich persönlich erledige fast alle Aufgaben, für die ich ein hohes Maß an Konzentration brauche, außerhalb meines Büros. Auf Zugfahrten oder längeren Flügen, in Cafés und Hotellobbys kann ich hervorragend in Ruhe arbeiten. In vielen Städten habe ich meine Lieblingslobbys und -plätze. Dort entstehen größere Konzepte. Und so ist auch dieses Buch entstanden.

Konzentriertes Arbeiten heißt übrigens nicht, dass Sie keine Pause machen dürfen. Sollte die Konzentration nachlassen, entspannen Sie sich auf eine Weise, die zu Ihnen passt. Planen Sie auch Pausen mit ein. Und wenn es einmal gar nicht geht, vertagen Sie die Tätigkeit. Aber das sollte die Ausnahme bleiben.

Eine solche Arbeitsweise kann aber nur gelingen, wenn Sie regelrechte »Termine mit sich selbst« machen. Reservieren Sie Zeit, um über wichtige Themen nachzudenken oder komplexe Arbeiten zu erledigen.

Alle anderen Arbeiten sollten Sie so zeitsparend durchführen, wie es nur irgend möglich ist. Legen Sie Aufgaben mit niedriger Priorität auf einen gesonderten Stapel und erledigen Sie sie zwischendurch. Clustern Sie Tätigkeiten, zum Beispiel alle Telefongespräche, alle Mails und so weiter. So vermeiden Sie Leerzeiten und ständiges Hin-und-Her-Springen zwischen den Aufgaben. Sie machen ja auch einen Wocheneinkauf und laufen nicht wegen jeder einzelnen Kleinigkeit in den Supermarkt.

Und schließlich: Sie können viel mehr weglassen, als Sie auf den ersten Blick glauben. Denken Sie darüber nach, was Sie delegieren können. Überlegen Sie, was wirklich notwendig ist. Fokussieren Sie sich auf das Wichtige – für Sie und das Projekt. Und wenn Sie einen ausgesprochenen Widerwillen gegen eine Tätigkeit empfinden, nehmen Sie das als Warnzeichen. Solche Pain Points deuten eindeutig darauf hin, dass irgendetwas am Gesamtkonzept nicht stimmt.

> **» Es ist wichtiger, das Richtige zu tun, als etwas richtig zu tun. «** Peter F. Drucker

AUF EINEN BLICK: VERÄNDERN, MANAGEN, DURCHFÜHREN – STETS MIT FREUNDLICHKEIT

1
Veränderung braucht Wahrheit und Klarheit – Kommunikation ist alles.

2
Plane Veränderung gründlich und nimm alle Beteiligten mit – auch die Bedenkenträger.

3
Mach die Menschen stolz, feiere Zwischenschritte und Erfolge.

4

Agil arbeiten heißt richtig entscheiden und richtig führen.

5

First things first – fokussiere dich aufs Wichtige und Sinnvolle.

Und verlier nie das große Ganze aus den Augen.

IMMER BESSER WERDEN

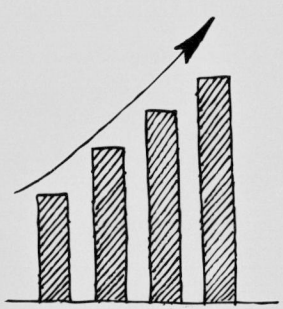

VERBESSERUNG
HÖRT NIE AUF

Da hat man gerade mal was geschafft, und jetzt soll man schon wieder daran arbeiten, es zu verbessern? Sich selbst zu verbessern? Das klingt mühsam und anstrengend, ich weiß. Aber sehen Sie es doch mal so: Wir lernen jeden Tag dazu, ob wir es wollen oder nicht. Ob wir uns dessen bewusst sind oder nicht. Dann können wir es doch auch gleich bewusst machen und aus freiem Willen. In der berechtigten Hoffnung und dem guten Gefühl, dass es Spaß macht.

Der japanische Weltkonzern Toyota hat dazu ein System entwickelt, dass »Kaizen« genannt wird – etwas umständlich übersetzt: der stete Verbesserungsprozess. Klingt immer noch mühsam, aber im Grunde genommen müssen wir genau so mit uns selbst und unserem Projekt umgehen. Auch wenn das darauf hinausläuft, dass das Ende immer der Anfang ist und dass man nie wirklich fertig wird.

Der Lohn? Sie bleiben immer erfolgreich, weil sie ständig besser werden. Die Alternative wäre, das Erreichte als Endpunkt zu nehmen und sich von jetzt an auf den Lorbeeren auszuruhen. Doch von dort aus geht es dann eben nicht mehr bergauf. Und das wäre doch schade. Das gilt übrigens nicht nur für Ihr Projekt, Ihren Betrieb, Ihr Team, sondern auch für Sie persönlich, auch im Privatleben.

》Die meisten Fehler machen Unternehmen, wenn es ihnen gut geht, nicht, wenn es ihnen schlecht geht.《 **Alfred Herrhausen**

STETE **VERBESSERUNG** – WIE GEHT DAS?

Im Grunde genommen ist es ganz einfach, und es hat sehr viel mit einem Begriff zu tun, der uns schon am Anfang dieses Buchs beschäftigt hat: mit Haltung. Mit Ihrer positiven Einstellung, mit Werten und Ethik. Sobald Sie das Gefühl haben, mit etwas fertig zu sein, fängt alles wieder von vorn an. Überprüfen Sie Ihr Projekt, optimieren Sie Ihre Vision, entwickeln Sie eine neue Strategie für die weitere Zukunft. Denn auch wenn ein Projekt bei seiner Fertigstellung optimal war: In dem Moment, in dem es fertig ist, beginnt es zu altern. Und deshalb muss genau in diesem Moment schon wieder alles neu beginnen.

Also kann die Marschrichtung nur heißen: Jeden Tag wieder Bilanz ziehen über die Projekte und einzelnen Aktivitäten. Halten Sie eine Konferenz mit sich selber ab – täglich. Sie muss ja nicht lange dauern. Auf der Treppe, auf einer Parkbank, an einem ruhigen Ort wie beispielsweise einer Kirche, auf einer Bus- oder Straßenbahnfahrt oder beim Laufen in der Natur können Sie so eine Konferenz mit sich abhalten. Sie müssen es nur konsequent tun. Machen Sie ein Ritual daraus. Wenn Sie täglich besser werden, dann wirkt sich das auf Ihr Projekt und Ihr Team aus. Alle werden ständig besser.

Aber denken Sie nicht nur über Verbesserungen nach, sondern implementieren Sie sie auch. Was Sie sich denken, müssen Sie ins Handeln bringen. Wie das geht, darüber haben wir im Kapitel »Verändern, Managen, Durchführen« ausführlich nachgedacht.

Die wichtigste Frage im steten Prozess lautet: Was können wir verbessern? Was können wir neu machen? Wie können wir die Pain Points reduzieren?

Nehmen Sie dabei auch Ihre Erfolge wahr! Wir neigen dazu nur Negatives zu analysieren – Positives ist aber genauso wichtig. Warum war etwas erfolgreich? Bei diesen Gedanken fühlen Sie sich gleich noch besser.

Manchmal muss man auch schlechte Angewohnheiten ablegen. Das ist nicht einfach, wie alle wissen, die schon mal versucht haben, mit dem Rauchen aufzuhören oder nicht ständig aufs Handy zu starren. Aber wenn Sie eine gute bzw. bessere Alternative haben, die auch noch sinnvoll ist, geht es schon viel leichter. Wenn Sie dann noch den Rat beherzigen, gut mit sich selbst und den Menschen umzugehen, die Ihnen am nächsten stehen, steht der Chance, ein besserer Mensch in einer besseren Welt zu werden, gar nicht mehr so viel im Wege. Denn das ist ja das Ziel: So oft wie möglich glücklich zu sein.

IMMER VERBESSERN UND DARÜBER NACHDENKEN

Stete Verbesserung – auch Kaizen genannt – ist ein kontinuierlicher Lernprozess. Wann immer etwas fertig oder abgeschlossen ist, beginnt dieser Verbesserungs- und Lernprozess von Neuem. Das heißt auch, das persönliche Verhalten sollte sich dauernd verbessern. Kaizen widmet sich überhaupt weniger dem Charakter, der »ganzen Person«, als vielmehr dem Verhalten. Nur so lässt sich wirklich etwas verändern.

Und in welche Richtung geht diese Veränderung – ganz einfach: In die Richtung Ihrer Vision. Ganz zu Anfang dieses Buchs haben wir darüber gesprochen, dass Sie Ihr eines Ding finden müssen. Ihre eine Vision. Und jede Verbesserung bringt Sie Ihrer Vision näher. Wobei Sie sie nie erreichen können, denn bevor Sie das tun, werden Sie sich auch daranmachen, die Vision zu verbessern.

Damit ist auch klar: Wir selbst sind der Maßstab, die Benchmark, der Vergleichspunkt. Sie sollen sich nicht an anderen messen, sondern heute noch etwas besser werden als gestern. Wenn Sie das ehrlich und kontinuierlich tun, sind Sie irgendwann ohnehin besser als alle anderen …

» Es geht nicht darum, dem Leben mehr Tage zu geben, sondern den Tagen mehr Leben. « Cicely Saunders

» Es ist nicht zu wenig Zeit, die wir haben, sondern zu viel Zeit, die wir nicht nutzen. « Lucius Annaeus Seneca

JEDEN TAG
BILANZ ZIEHEN

Machen Sie es sich zur Gewohnheit, jeden Tag einmal kurz Bilanz zu ziehen und zu resümieren. Wie geht es Ihnen mit Ihrer Gesamtstrategie – nicht nur für »Ihr Ding«, sondern für Ihr ganzes Leben? Passt, das, was Sie tun, zu Ihrem Leben mit Ihrer Familie und Ihren Freunden? Wie geht es Ihren Kindern damit?

⟩⟩ Alle zusammen?

Im letzten Jahr fuhr meine Frau mit unseren zwei Kindern Henry und Olivia in den Skiurlaub (mir ist Skifahren zu kalt und zu aufwändig, ich fahre lieber Wasserski). Die Großeltern waren auch mit dabei. Ich habe den Urlaub mit vorbereitet und beim Kofferpacken geholfen.

Kurz vor der Abreise fragte mich Henry, damals sechs Jahre alt, was ich denn eingepackt hätte. Ich sah ihn staunend an, denn eigentlich war ja klar, dass er mit seiner Mutter, seiner Schwester und den Großeltern fährt und ich nicht mit dabei bin. Doch das war ihm offenbar gar nicht klar gewesen. Und jetzt stand er vor mir und weinte hemmungslos. Für ihn brach gerade die Welt zusammen.

Für mich war das eine sehr bewegende Szene, die mir zeigte, wie eng die Verbindung zwischen uns ist. Zu einer heilen Welt gehört für ihn, dass wir alle zusammen sind.

Für dieses tägliche Resümee lohnt es sich, einen ruhigen Ort aufzusuchen. Einfach so am Schreibtisch zwischen all den Dingen, die noch erledigt werden müssen, ist es schwierig, innezuhalten, um nachzudenken. Also raus aus dem Büro! Suchen Sie sich einen Ort, der zu Ihnen passt, und gehen Sie dabei ruhig auch ungewöhnliche Wege.

Für den einen wird die tägliche Konferenz vielleicht eine Parkbankkonferenz sein, der andere hat eine geöffnete Kirche in erreichbarer Nähe, wo er sich für ein paar Minuten in eine Bank setzen kann. Allein im Lieblingsrestaurant oder Café ist auch keine schlechte Idee. Oder wie wäre es mit einem Spaziergang? Oft reichen dafür schon 10 bis 15 Minuten, wenn man die nötige Ruhe hat und endlich mal alle digitalen Medien abschaltet.

Fragen Sie sich während dieser kurzen Konferenz mit sich selbst: Wie steht es mit meinem Projekt? Wo lohnt es sich, auch den Erfolg zu hinterfragen? Warum ist etwas erfolgreich? Wie kann es noch besser und erfolgreicher werden?

VON ANDEREN
LERNEN

Lernen Sie jeden Tag dazu, nicht nur durch eigenes Nachdenken, sondern auch von anderen Menschen. Lernen ist heute einfacher denn je: Sie können interaktiv lernen mittels digitaler Medien, es gibt digitale Seminare und sogar Universitäten.

Immer mehr Netzwerkforen sind im Internet zu finden, und es lohnt sich, die guten herauszufiltern und sich dort mit Menschen auszutauschen, die ähnliche Interessen haben wie Sie selbst. Oft finden Sie in solchen Foren Menschen, die zu einem Thema drei bis fünf Jahre Erfahrungsvorsprung haben. Der Austausch mit ihnen – und in der Regel gehen diese Menschen sehr großzügig mit ihrem Wissen um – ist Gold wert.

Bei Fragen zu allgemeinen Themen setze ich selbst oft bei Wikipedia an und nutze dann die Möglichkeit, mich über Links weiter ins Thema hineinzubegeben – oder auf Seitenwege. Anleitungen und Erklärungen für fast alles finde ich auf YouTube.

Aber Achtung: Zum einen herrscht in manchen Foren ein ziemlich rauer Ton. Wo man nicht freundlich und großzügig mit Fragen – auch und gerade von Anfängern – umgeht, melden Sie sich am besten gleich wieder ab. Wo der Ton nicht stimmt, taugen meistens auch die Inhalte nicht viel. Und hüten Sie sich, wenn Sie selbst Ihr Wissen teilen, vor Schnorrern. Die gibt es selbstverständlich auch in der digitalen Welt, vielleicht noch mehr als in der analogen Welt.

ACHTSAM SEIN, AUCH SICH
SELBST GEGENÜBER

Von Freundlichkeit anderen Menschen gegenüber war in diesem Buch häufig die Rede, und sie ist, gerade in unserer Hospitalitybranche, extrem wichtig. Doch wer immer besser werden will, muss auch achtsam mit sich selbst umgehen, nicht zuletzt mit seinem Körper.

Das heißt ganz konkret: Achten Sie darauf, nicht ständig »auf Verschleiß zu fahren«. Machen Sie Pausen, achten Sie auf Auszeiten, sorgen Sie für Ausgleich. Es wird immer Phasen geben, in denen Sie die Akkus mal komplett leeren (müssen). Aber in der Gesamtschau über einen mehr oder weniger langen Zeitraum hinweg sollten Sie in der Balance bleiben. Ich rechne jedes Jahr meinen Jahresstundenlohn aus. Entscheidend ist nicht wieviel Sie verdienen, sondern wie effektiv Sie sind – wieviel Zeit Sie für sich, Ihre Freunde und Ihre Entspannung haben. Wenn Sie immer gleich viel verdienen und jedes Jahr mehr Zeit für alle schönen Dinge des Lebens haben ist das wunderbar.

ARBEITEN UND LEBEN
IN BALANCE

Ich sage ganz klar: Eine gute Work-Life-Balance beginnt beim Faktor *Work*, also bei der Arbeit. Wenn Sie nicht richtig arbeiten, wird es schwierig mit der Balance.

Arbeiten Sie intensiv, effektiv und fokussiert. Eliminieren Sie Zeitfresser, die jeder von uns kennt. Schieben Sie Dinge nicht auf, sie kosten dann nur unnötig Energie.

Rechnen Sie also bei Gelegenheit mal Ihren Stundenlohn für bestimmte Tätigkeiten aus. Wenn Sie können – und Sie können fast immer –, eliminieren Sie solche Tätigkeiten, die nichts einbringen. Lassen Sie sie sein oder delegieren Sie. Delegieren Sie auch alles, was andere besser und effektiver machen können als Sie.

Lassen Sie unsinnige Projekte fallen. Genießen Sie die gewonnene Zeit lieber mit Ihrer Familie, den Kindern, Freunden, Hobbys. Rechnen Sie alle Ihre Einkünfte zusammen und teilen Sie sie durch Ihre Stundenanzahl (das kann man überschlagen). Es dreht sich nicht nur darum »mehr zu verdienen« sondern in weniger Zeit.

Setzen Sie Ihre Prioritäten – analysieren Sie aber auch, was Ihnen die beste Produktivität liefert = hoher Ertrag mit geringem Zeitaufwand.

Ich habe eine einfache Regel: Wenn mich jemand bei einem Vortrag oder einer Beratung herunterhandelt, überlege ich meist, ob es dann nicht sinnvoller ist mit Olivia zu basteln oder mit Henry schwimmen zu gehen – und sage den Auftrag ab.

Meist meldet sich der Auftraggeber dann nach wenigen Tagen und sagt den Auftrag zum vollen Honorarsatz zu …

Das Ziel, dass Sie anstreben sollten, könnte lauten: Irgendwann an vier Tagen in der Woche je fünf Stunden arbeiten. Und dabei genauso viel verdienen wie jetzt. Geht nicht? Geht nicht gibt's nicht. Machen Sie sich auf den Weg. Und genießen Sie jeden erreichten Zwischenschritt.

Vor allem aber bleiben Sie einfach, umgeben Sie sich mit den Besten, nutzen Sie digitale Technik, wo es sich wirklich anbietet, und haben Sie Spaß.

GLÜCK UND ZUFRIEDENHEIT

Wir haben in diesem Buch schon einige altmodische Tugenden und Begriffe ausgegraben. Hier kommt noch einer: Zufriedenheit. Bei allem Streben danach, immer noch besser zu werden, ist die Zufriedenheit ein hoher Wert. Denn wer immer nur das Beste akzeptieren will, übersieht dabei vielleicht das Gute. Sie sind zufriedener, wenn Sie nicht ständig nach etwas suchen, was Ihnen fehlen könnte. Wer nicht immer vergleicht, dem geht es besser. Zufrieden ist man, wenn man nicht immer Lücken sieht zwischen dem, was man hat, und dem, was man sich wünscht. Oder dem, was andere haben. Oder dem, was man früher hatte. Sie verstehen schon, was ich meine.

Ehrgeiz ist wichtig für den Erfolg, aber zu viel Ehrgeiz ist ein Glückskiller. Und ums Glücklichsein geht es. Davon wird gleich noch die Rede sein.

Zufriedenheit heißt wortwörtlich, mit sich selbst im Frieden leben zu können. Wie das geht, lässt sich leicht ausprobieren.

* Denken Sie positiv. Wenn Sie Ihr Gehirn dazu bringen, sich mit positiven Dingen zu beschäftigen, geht es Ihnen sofort besser, und Zufriedenheit stellt sich ein.
* Leben Sie einfacher. Entrümpeln Sie Ihr Leben, Ihre Wohnung, Ihr Büro, Ihren Betrieb in jeder Hinsicht und auf jeder Ebene. Einfachheit als Modell Ihrer gesamten Lebensführung läuft darauf hinaus, mit wenigen Mitteln viel zu erreichen. Wenn Sie entrümpeln, können Sie sich von unnötigem Ballast befreien. Gleichzeitig fällt Ihnen das Fokussieren leichter. Und in unserer komplexen, überfüllten Zeit macht Einfachheit glücklich.
* Seien Sie dankbar. Freuen Sie sich an alltäglichen Dingen. Und bedanken Sie sich immer mal wieder, bei den Menschen, mit denen Sie leben und arbeiten, bei jemandem, der Ihnen eine kleine Gefälligkeit erweist, und vielleicht ab und zu auch mit einem Blick »nach oben«.
* Lassen Sie sich nicht hetzen. Von den Feuerwehrleuten während meines Zivildienstes im Katastrophenschutz habe ich einen guten Satz gelernt: Mach langsam, wir haben es eilig. Diesen Satz habe ich nie vergessen und beherzige ihn immer noch, wenn auch nicht immer in ausreichendem Maße. Lernen Sie von Ihren Kindern, was Langsamkeit heißt. Mein schönster Spaziergang mit meinen Kindern dauerte drei Stunden und umfasste drei Kilometer. Damals waren die beiden passenderweise auch gerade drei Jahre alt. Wir haben wirklich jede Blume und jeden Stein ganz bewusst angeschaut und wahrgenommen. Speziell Olivia konnte davon gar nicht genug bekommen. Genuss und Intensität statt Schnelligkeit – was für ein Luxus in unserer hektischen Zeit. Bis dahin war Langsamkeit eher ein Problem für mich gewesen.
* Gönnen Sie sich Auszeiten, Pausen, ein Nickerchen. Lassen Sie sich Zeit für Sauna, Schwimmen, Yoga, Meditation. Es gibt fast nichts, was nicht eine Stunde warten kann. Und damit so etwas überhaupt möglich ist und Sie es nicht hinterher mit noch mehr Arbeitshektik büßen: Packen Sie sich den Tag nicht zu voll. Lassen Sie Platz für solche Pausen und für Unvorhergesehenes.

* Dasselbe gilt für Ihr Arbeitsjahr. Auch da lohnt es sich, Platz für Unvorhergesehenes zu lassen und Auszeiten – Urlaube, aber auch Fortbildungen – gut zu planen.
* Erleben Sie einmal am Tag echte Stille. Setzen Sie sich auf eine Parkbank, an einen Brunnen, an einen See, in eine Kirche, eine Moschee oder einen buddistischen Tempel. Wo es im Außen still wird, haben Sie die Chance, die kleine innere Stimme (wieder) zu hören.
* Seien Sie echt freundlich. Pflegen Sie Kontakte und geben Sie – nicht zuletzt Dank.
* Und schließlich: No risk, no fun. Gehen Sie auch mal ein Risiko ein, sonst dümpelt alles nur so dahin und wird furchtbar langweilig. Zum Leben und damit auch zum Erleben gehört immer ein bisschen Risiko.

>> Der sinnvollste Weg, Ihr Unternehmen von Ihren Mitbewerbern abzuheben, der beste Weg, Abstand zwischen sich und der Masse zu schaffen, besteht darin, Informationen auf überragende Art und Weise einzusetzen. Wie Sie Informationen sammeln, managen und nutzen, entscheidet darüber, ob Sie gewinnen oder verlieren. << Bill Gates

DAS NETZWERK
PFLEGEN

Menschen mögen Freunde. Mit diesem Bedürfnis machen große Internetkonzerne kräftig Kasse. Aber sowohl in der digitalen wie auch in der analogen Welt lohnt es sich, Menschen kennenzulernen und offen auf sie zuzugehen. Solche Menschen können ungeheuer wichtig sein, wenn es darum geht, Ihr Projekt zu unterstützen. So kann es zu einem fruchtbaren Geben und Nehmen kommen.

Deshalb lohnt es sich, in Kontakte und Netzwerke Zeit und Energie zu investieren. Der engste Kreis sind natürlich die echten guten Freunde und die Familie, nicht zuletzt auch hier wieder die Kinder. Dann folgt der Kreis der Mitarbeiter, Kollegen, Lieferanten, Teilhaber und so weiter.

Erweitern Sie ständig den Kreis der Menschen, die für Sie wichtig sind. Manchmal verlieren wir Menschen, die für uns wichtig sind, durch Umzug, Tod, Berufswechsel oder einen Streit. Deshalb lohnt es sich, regelmäßig neue Menschen kennenzulernen. Überlegen Sie sich dabei regelmäßig und kritisch, ob diese Menschen wirklich wichtig für Sie sind. So erweitern Sie Ihre verschiedenen Kreise, pflegen Kontakte und Beziehungen. Nicht zuletzt sind solche Kontakte auch wichtig für Ihr Projekt. Menschen machen schließlich am liebsten Geschäfte mit anderen Menschen, die sie kennen und denen sie vertrauen.

Ein Tipp dazu am Rande: Kümmern Sie sich nicht nur um neue Kontakte. Durchforsten Sie ab und zu auch mal Ihre Adressdatei. So mancher wertvolle Kontakt ist vielleicht eingeschlafen oder in Vergessenheit geraten. Da lohnt es sich hier und da, wieder anzuknüpfen.

Dazu gehört auch, dass Sie ab und zu mal nachsehen, was eigentlich aus denjenigen geworden ist, die Sie einmal gecoacht, ausgebildet, gefördert haben. Wenn Sie schon einmal Mentor waren, wissen Sie: Nichts macht uns so froh wie der Anblick eines ehemaligen »Schützlings«, der zum Gewinner geworden ist.

》》Präsenz macht sexy.《《 Hermann Scherer

NETZWERK –
ECHT FREUNDLICH

Gastgeber sind eigentlich optimale Netzwerker. Sie können einfach gut mit Menschen umgehen, sind offen, großzügig und freundlich. Die wichtigsten Regeln der erfolgreichsten Netzwerker:

- Umgeben Sie sich mit den Besten. Sorgen Sie für möglichst viele Begegnungen mit prägenden Persönlichkeiten und Machern. Und damit die mit Ihnen zu tun haben wollen: Seien Sie attraktiv und interessant.
- Pflegen Sie die wenigen echten Freundschaften. Sie gehören mit zum Wichtigsten in Ihrem Leben.
- Suchen Sie sich einen Mentor. Wenn Sie Kontakt zu einem Menschen haben, der Sie inspiriert, der Sie mag und »besser« ist als Sie, bitten Sie ihn, Ihr Mentor zu sein.
- Bauen Sie sich ein richtig großes Netzwerk auf. Soziale Medien (Xing, LinkedIn und so weiter) sind dafür ganz nützlich, ersetzen aber nicht die »persönliche Liste«. Notieren Sie sich Besonderheiten von Menschen, bei den wichtigsten legen Sie eine Art Dossier an. Und achten Sie auf die Dinge, die den anderen wichtig sind (Namen der Kinder, Hund, besondere Leistungen, Geschichte). An all das können Sie beim Kontakt anknüpfen.
- Pflegen Sie Ihre Kontakte. Bleiben Sie in Kontakt, ohne aufdringlich zu sein. Erledigen Sie Dinge für den anderen, tun Sie ihm ab und zu einen Gefallen. Überraschen Sie andere Menschen immer wieder durch kleine Gesten. So etwas muss nicht teuer sein, eine handgeschriebene Dankeskarte kann in unserer digitalen Zeit schon ein großes Oh-Erlebnis bringen. Überhaupt sollten Sie sich immer bedanken, wenn andere Ihnen geholfen haben. Wenn Sie jemanden neu kennengelernt haben, sorgen Sie für ein Follow-Up, bringen Sie sich positiv in Erinnerung. Gehen Sie regelmäßig mit interessanten Menschen essen. So kombinieren Sie Gastfreundschaft, Netzwerk und Spaß.
- Und ganz wichtig: Pflegen Sie Kontakte, BEVOR Sie sie brauchen! Seien Sie neugierig auf andere Menschen, ohne gleich an den Nutzen dieses Kontakts zu denken.

- Seien Sie attraktiv und besonders. Auf diese Weise bleiben Sie in Erinnerung. Seien Sie so, wie Sie gerne sind, auch so besonders, wie Sie sind. Aber spielen Sie dabei kein Theater. Finden Sie Ihr Profil, werden Sie wiedererkennbar. Das fängt mit der Gestaltung bemerkenswerter Visitenkarten – stilvoll, wertig, niemals protzig und hochwertig gedruckt – an.
- Geben Sie, seien Sie großzügig. Wenn Sie Menschen aus Ihrem Netzwerk helfen, bekommen Sie in der Regel immer etwas zurück. Großzügigkeit zahlt sich immer und überall aus. Kleine Gefallen sind außerdem Türöffner, um aus einer Bekanntschaft eine gute freundschaftliche Beziehung zu machen. Doch wenn Sie mit Schnorrern zu tun bekommen – seien Sie wachsam und vorsichtig.
- Hören Sie zu, zeigen Sie Interesse. Bei Gesprächen von Mensch zu Mensch sollte es kein Zeitlimit geben. Und glauben Sie mir, ich habe noch nie einen Menschen kennengelernt, der nicht an irgendeiner Stelle etwas Interessantes machte oder zu erzählen hatte. Zeigen Sie also echtes Interesse. Je mehr Informationen Sie über Ihr Gegenüber haben, desto leichter kommen Sie in Kontakt, gewinnen seine Aufmerksamkeit und vielleicht sogar seine Zuneigung. Und denken Sie daran: Es kommt nicht darauf an, wen Sie kennen, sondern darauf, wer Sie kennt.
- Ziehen Sie die richtigen Menschen an. Jeder hört gerne etwas über sich, erzählt gerne von sich. Einer meiner Geschäftspartner berichtete immer, wenn er jemanden vorstellte, von dessen guten Taten und der besonderen Historie. Das adelte diesen Menschen – und ihn selbst. Und er fand immer wieder gute neue Talente.
- Seien Sie anziehend. Sie wollen, dass andere Menschen gern mit Ihnen zu tun haben. Also gehen Sie offen und wertschätzend auf andere zu, begrüßen Sie sie mit Namen und Handschlag. Und vor allem: Gehen Sie überhaupt auf die anderen zu. Trauen Sie sich, der andere wartet oft nur darauf. Zeigen Sie offene, ruhig auch etwas größere Gesten, halten Sie Blickkontakt, kurz: Zeigen Sie Präsenz. Sprechen Sie deutlich, und vor allem, hören Sie gut zu. Sorgen Sie mit Gesten, Worten, einem unerwarteten Kompliment dafür, dass die anderen eine gute Zeit haben. Mit Ihrer positiven Einstellung und Haltung werden Sie automatisch andere Menschen anziehen wie ein Magnet.

MEINE 250/500-LISTE

* Ich habe im Laufe der Jahre Kontakte zu mehr als 4000 Menschen aufgebaut. Meine Adressdatenbank enthält über 8000 Namen. Da kann ich mir natürlich nicht alle Einzelheiten merken, aber ich notiere mir die wichtigsten Informationen auf der Visitenkarte und übertrage sie in die Datei. Etwas Besonderes sind meine zwei kleineren Listen, die »Liste 500« und die »Liste 250«. In der »Liste 250« sind die wichtigsten 250 Menschen in meinem Leben enthalten, egal ob geschäftlich oder privat. Diese Menschen kenne ich gut, sie sind mir wichtig (und nützlich), es sind Freunde und gute Bekannte. Mit ihnen habe ich sehr effektive Kontakte, ich bin gern mit ihnen zusammen, und wir können uns aufeinander verlassen, wenn es ernst wird. Diese Kontakte pflege ich natürlich auch besonders intensiv, auch wenn wir uns zum Teil nur selten sehen.

Die »Liste 500« enthält Menschen, die ich gern in meine »Liste 250« übernehmen würde, bei denen ich mir aber noch nicht sicher bin, wie sich der Kontakt entwickeln wird, die ich aber nun besonders intensiv pflege und prüfe.

>> Man soll sich nicht für den Job kleiden, den man hat, sondern für den, den man haben möchte. << Giorgio Armani

NEUGIERIG UND OFFEN BLEIBEN

Was auch immer geschieht: Erhalten Sie sich Ihre Neugier und Offenheit. Machen Sie Pläne. Auch große Pläne, die sich vielleicht nie erfüllen, aber Sie lernen mit jedem Plan dazu. Stellen Sie Fragen, wenn Sie einen anderen Menschen kennenlernen. Und stellen Sie Fragen ans Leben.

Wie geht's weiter? Was kommt als Nächstes?

Freuen Sie sich darauf, dass das Leben morgen noch besser wird als gestern und heute. Das Beste steht Ihnen noch bevor – garantiert.

Diese positive, neugierige und offene Haltung kann man lernen und vor allem üben. Tun Sie das jeden Tag. Sie machen sich damit selbst das Leben schöner, Sie sorgen für Zufriedenheit und Glücksmomente.

HAUPTZIEL: GLÜCKLICH SEIN

Denn das ist das Hauptziel: Glücklich sein. Das Streben danach gehört zu den unveräußerlichen Rechten des Menschen, haben Sie das gewusst? Schon in der amerikanischen Unabhängigkeitserklärung, einer der ersten demokratischen Verfassungen in der Geschichte der Menschheit, steht ganz am Anfang dieser Satz: »Wir halten diese Wahrheiten für ausgemacht, dass alle Menschen gleich erschaffen sind und dass sie von ihrem Schöpfer mit bestimmten unveräußerlichen Rechten ausgestattet sind, darunter Leben, Freiheit und das Streben nach Glück.

Wenn Sie glücklich sein wollen, schaffen Sie das auch. Geld hilft dabei, macht aber nicht wirklich zufrieden. Echtes Glück erfahren Sie durch Ihre Freunde und Ihre Familie. Sie brauchen Menschen, die bedingungslos zu Ihnen halten. Und bei denjenigen, die nicht zu diesem Kreis enger Vertrauter gehören, ist vermutlich Neid die ehrlichste Art der Anerkennung.

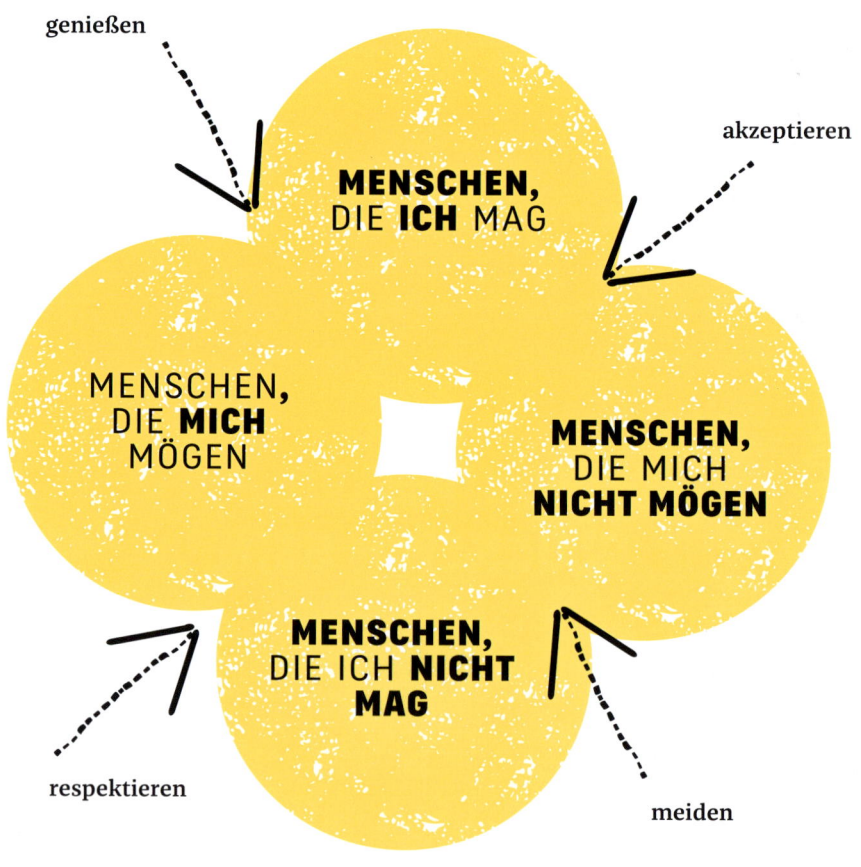

genießen

akzeptieren

MENSCHEN,
DIE **ICH** MAG

MENSCHEN,
DIE **MICH**
MÖGEN

MENSCHEN,
DIE MICH
NICHT MÖGEN

MENSCHEN,
DIE ICH **NICHT**
MAG

respektieren

meiden

1

Verbesserung hört nie auf – bleib dran und denke ständig darüber nach.

2

Sei achtsam auch dir selbst gegenüber.

3

Pflege dein Netzwerk.

4

Bleib neugierig und offen.

5

Verliere nie dein Hauptziel aus den Augen: glücklich zu sein.

TESTIMONIALS

SIMPLY THE
BEST

Frank Marrenbach, führt die Oetker-Collection – eine der luxuriösesten Hotelgruppen weltweit mit allerhöchstem Servicestandard (in Deutschland: Brenners Park in Baden Baden). Er ist eine der angesehensten Hotelpersönlichkeiten und war unter anderem Hotelier des Jahres.

Meine eigene Einstellung

- Ich muss herausfinden: Was bewegt mich, was ist mir etwas wert? Klarheit und Sinnhaftigkeit werde ich immer nur im eigenen Tun finden. Und ein wichtiger Punkt ist Neugier an Menschen und ein positives Menschenbild. Übrigens gilt das auch für den positiven Umgang mit Diversität. Generell gilt: Man muss sich wirklich für den Menschen interessieren.

Drei wichtige Punkte für alle guten Gastgeber

- Entscheide dich für die Rolle als Gastgeber, gebildet und selbstbewusst.
- Schaffe Verbindungen mit Bedeutung. Begegnungen mit Gästen müssen erinnerungswürdige Momente sein. Dazu müssen alle die Regeln kennen – um sie notfalls im Interesse des Gastes auch einmal zu brechen.
- Schaffe zauberhafte Orte mit dem gewissen Extra. Die Architektur muss den Gast in den Mittelpunkt stellen. Er muss sich wohlfühlen – und darf nicht zum Museumsbewohner werden.

Mitarbeiter fit machen

- Gutes Training ist wichtig, aber es muss immer Platz für die Persönlichkeit lassen.
- Das Team soll zur zweiten Familie werden. Nach einer würdigen Begrüßung bekommt jeder »Neue« einen Paten auf Augenhöhe (also in ähnlicher Position), der ihn persönlich betreut und dafür sorgt, dass er die technisch-operativen Dinge lernt. Dieser Pate ist auch ein Vorbild in Sachen Haltung.
- Am »Day 100«, also am hundertsten Tag der Beschäftigung gibt es ein ausführliches Gespräch, um zu überprüfen, ob die Einarbeitung und die ersten hundert Tage zur allgemeinen Zufriedenheit verlaufen sind.

MITARBEI FÖRDERUN MOTIVA

Thomas Mack, Gastronomischer Geschäftsführer des Familienunternehmens Europapark Rust

Meine eigene Einstellung

- Das Allerwichtigste: Man muss alle Mitarbeiter gleich und respektvoll behandeln. Egal, in welcher Position jemand arbeitet: Alle sind Menschen. Man muss sie als Individuen sehen und sich auch um ihre persönliche, private Seite kümmern – oder sich zumindest dafür interessieren und ihnen zuhören. Wertschätzung für den Einzelnen, für seine Familie, für das, was ihm wichtig ist, stellt die wichtigste Motivation dar.
- Im Übrigen gilt das auch für den Umgang mit unseren Gästen. Alle Gäste sind gleich. Und vor allem: Alle sind gleich wichtig.
- Dann: Führungskräfte müssen präsent sein. Das Leben findet im Park statt, nicht im Büro. Und sie müssen Vorbild sein. Bei uns ist man immer im Dienst, ob man nun einem einzelnen Gast hilft oder ein Stück Papier aufhebt. Man darf sich für nichts zu schade sein. Das spüren und schätzen alle, die es mitbekommen.
- Die vielen Nationen und Kulturen, die im Kreis unserer Mitarbeiter und Gäste zusammenkommen, bereichern uns alle. Wir wollen nichts und niemanden gleich machen, sondern nutzen die Vielfalt der Kulturen und Menschen. Aus diesem Grund haben wir auch die »Charta der Vielfalt« unterzeichnet.

Otto Lindner, Vorstand Lindner Hotels AG und Vorsitzender des Hotelverbandes Deutschland IHA

Die Welt der Gastkultur in der Hotellerie ändert sich rasant, wild vorangetrieben durch die vielen Boutique- und Lifestyle-Konzepte, die zurzeit en vogue sind. Standen früher vor allem die Qualität und die Befriedigung der Gästebedürfnisse im Vordergrund, so hat sich der Erlebnischarakter der Dienstleistung in den Vordergrund geschoben. Es kommt weniger darauf an, Standards zu definieren und die Mitarbeiter minutiös zu trainieren. Sie sind jetzt Explorer, Scouts, Buddys und so weiter. Immer darauf bedacht, dem Gast fast ein »neuer Freund« zu sein, sich mit ihm zu verknüpfen und ihn auf eine ganz neue Art willkommen zu heißen.

Amanda Hyndman, General Manager im Mandarin Oriental Hyde Park, London. Sie war eine der jüngsten General Manager der Top Luxushotellerie, hat auch das legendäre Mandarin Oriental Bangkok geführt.

Arbeitgeber müssen eine Marke sein

- Arbeitgeber brauchen ein ausgezeichnetes Image, wie bei Mandarin Oriental. Wir haben eine große Bewerberauswahl, auch heute, in Zeiten des sogenannten Fachkräftemangels. Und wir wollen nur die Besten!

Das Wichtigste für den Guest Service

- Wir müssen unsere Gäste ansehen, erkennen, wiedererkennen – und anerkennen. Denn eins dürfen wir nie vergessen: Die Gäste entscheiden, ob sie wiederkommen. Und wir wollen, dass sie (gern und bald) wiederkommen. Dazu brauchen alle Beteiligten ein Gefühl für den Ort, an dem sie sich befinden. Das Hotel muss ein guter Ort sein, für diejenigen, die dort arbeiten, ebenso wie für die Gäste. Das kann nur funktionieren, wenn es ein gutes Miteinander im Team gibt, wenn alle das Gefühl haben, willkommen zu sein, und wenn alle Mitarbeiter ein großes Ziel verfolgen: unseren Gästen Freude zu bereiten.

Unsere Mitarbeiter

- Wir sagen: Wir stellen das Lächeln ein. Den Rest bringen wir unseren Leuten notfalls bei. Doch einige Eigenschaften sollen neue Mitarbeiter natürlich mitbringen: Sie sollen flexibel sein. Sie sollen bereit sein, hart zu arbeiten. Sie sollen teamorientiert sein. Sie sollen gern mit Menschen zu tun haben. Und sie sollen fähig sein und Lust haben, offen zu kommunizieren.

Was mir noch wichtig ist

- Der allerwichtigste Rat, den ich in meiner Zeit in Asien bekommen habe (wo Gesichtsverlust eine Katastrophe ist): Laut loben, leise kritisieren.
- Er gilt für alle Branchen, genau wie die drei Tipps, die ich gerne weitergeben möchte: Geben Sie Chancen. Geben Sie Gelegenheiten. Und achten Sie auf die Leidenschaft.

Thomas Willms, CEO und Vorstandssprecher Deutsche Hospitality, die Dachmarke des deutschen Hotelunternehmens Steigenberger Hotels AG mit über 150 Hotels weltweit.

- Ich mag den Begriff »Haltung« sehr. Er steht sowohl für den inneren Kompass eines Menschen als auch für seine Ausstrahlung. Überall im Hotel nehmen Gäste Haltung deutlich wahr. Sie erinnern sich an Personen mit Haltung.
- Was mich antreibt, sind Authentizität, Leidenschaft und der Wille zum Erfolg. Motivation und gleichzeitig Ruhepol ist dabei meine Familie, die für mich immer im Mittelpunkt steht. Ich begeistere mich für spannende Konzepte und vermittle diese Begeisterung gern weiter.
- Das Gastgewerbe lebt durch und durch vom direkten Kontakt. Gastfreundschaft wurde mir als Sohn einer norddeutschen Hoteliersfamilie bereits in die Wiege gelegt. Sie bedeutet für mich, Menschen offen, respektvoll und vorurteilsfrei zu begegnen. Und meine Erfahrungen haben das immer wieder bestätigt.

Nicole Kobjoll, Schindlerhof – die Innovationsschmiede bekannt durch Bücher, Vorträge und vorbildliche Mitarbeiterführung durch Klaus und Nicole Kobjoll und das ganze Team

- Der Diamant im Schindlerhof ist unser Team. Bei uns wählen die Mitarbeiter die neuen Mitarbeiter mit aus. Sie haben immer das beste Gespür, wer zu uns passt. Es geht nicht nur um Arbeitsleistung, es geht auch um Persönlichkeit, um Ziele, wo möchte jeder einmal hin. Wir helfen sogar beim Schritt in die Selbstständigkeit. Deshalb möchten wir keine Mitarbeiterbindung, sondern Mitarbeiterverbindungen – ein feiner Unterschied.
- Wir sprechen nie von Human Resources, sondern von Human Stars. Ein schönes Bild, denn mit Sternen bildet man Formationen, und wir bilden die Formation des großen Herzens. Unsere Gäste sind in diesem Bild der große Himmel.

Volkmar Pfaff, Managing Director Accor und mitverant-wortlich für mehr als 400 Hotels, speziell für den neuen Bereich »Talent & Culture«

- Gelernt habe ich an der Topadresse Savoy Hotel in London unter der Hotellegende Willy Bauer. Von ihm stammt der Satz: »You can never ask your staff to do something that you don't do yourself.«
- Für mich ist das Wichtigste, gut zuzuhören und die Meinung der Mitarbeiter sehr ernst zu nehmen. Das gilt auch und vor allem bei Veränderungsprozessen.
- Bei der Einstellung neuer Mitarbeiter achten wir auf emotionale Intelligenz und soziale Integrität – mehr als auf fachliche Perfektion. Denn die wichtigsten Eigenschaften eines guten Gastgebers sind positive Energie und Empathie. Diese Stärken müssen gefördert werden.

Was mir noch wichtig ist – Zwei Dinge.
- Erstens: Verletzlichkeit hat eine große Macht. Erfolgreiche Menschen sind mit sich selbst im Reinen, kennen und akzeptieren ihre eigenen Schwächen und auch die der anderen.
- Zweitens: Jeder Vorgesetzte bzw. Teamleader muss sich immer wieder die Frage stellen, ob ein Mitarbeiter ihn sich als Chef aussuchen würde, wenn er die Wahl hätte.

Georg Rosentreter, Geschäftsführender Gesellschafter der Freigeist & Friends GmbH & Co. KG

- In unserem täglichen Tun und Handeln ist es mir besonders wichtig, dass wir den Gästen auf Augenhöhe begegnen, uns nicht verstellen, sondern vielmehr wir selbst sind. Das rate ich auch jungen Gastgebern. Jeder kann und soll so sein, wie er ist. Das ist auch Teil unserer Unternehmenskultur. Eines der besten Beispiele ist das Thema »Uniformen an der Rezeption« im Hotel FREIgeist Göttingen. Hier kleiden sich unsere Mitarbeiter so, als hätten sie Freunde bei sich zu Hause zum Essen eingeladen oder wären selbst bei Freunden zu Gast. Der Effekt: Sie fühlen sich automatisch als Gastgeber und können ehrlich und natürlich mit den Gästen kommunizieren.
- Es ist uns wichtig, einen hohen Qualitätsstandard in Food, Beverage und Logis zu bieten, aber immer mit dem Ansatz, kreativen Input geben zu können, kreative Entscheidungen zu treffen, auch beim Gast. In den FREIgeist Hotels geht es darum, eine gute Zeit und vor allem Spaß zu haben, sich wohlzufühlen, zu feiern.

Wir schaffen Orte der Begegnung und des Austauschs. Gäste aus der Region kommen mit Hotelgästen automatisch in Kontakt, wir sind Treffpunkt für kulturelle und gesellschaftliche Themen und Veranstaltungen.

- Humor, Esprit und unsere starke unternehmerische Entwicklung der letzten Jahre haben unsere Unternehmenskultur deutlich geprägt. Ein familiäres, freundschaftliches und offenes Miteinander zählt auch zu unserer FREIgeist-Kultur.

Alexander Aisenbrey, Geschäftsführer und Direktor des Hotels Öschberghof und 1. Vorsitzender der »fair jobs hotels« (und ehemaliger Vorsitzender der Hoteldirektorenvereinigung Deutschland e. V.)

- Wenn wir auch in Zukunft Mitarbeiter kompetent führen wollen, müssen Wertschätzung und offene Kommunikation an erster Stelle stehen. Momente ehrlicher Freundlichkeit sind in unserer Welt selten geworden. Insbesondere in der Hotellerie geht es vor allem darum, unseren Gästen unvergessliche Momente zu schenken. Unsere Mitarbeiter sind dabei unser höchstes Gut – wir wollen die Besten zusammenführen, um Topteams aufzubauen.

Oliver Altherr, CEO bei marché – Mövenpick (bringt die Schweizer Service-Ikone wieder auf Weltniveau)

- Das wichtigste Werkzeug in der Gastronomie ist ein großes Herz. Unsere Gastfreundschaft lebt von begeisterten Mitarbeitern.
- Mit faszinierenden Food- und Genusswelten rund um den Globus sprechen wir alle Sinne unserer Gäste an. Wir begeistern sie jeden Tag aufs Neue, ganz individuell. Jeder kann spüren, wie sehr wir unser Handwerk und unsere Rolle als Gastgeber lieben.
- Bei marché entwickeln wir keine Produkte, sondern wir entwickeln Menschen, und weil wir Menschen entwickeln, sind wir so erfolgreich. Unsere Führungspositionen besetzen wir schon seit jeher am liebsten mit eigenen Mitarbeitenden, die uns von der Pike auf kennen. Wir fördern Karriereschritte mit unserem professionellen Coaching. In unserer Marché International School bieten wir Möglichkeiten zur Weiterentwicklung und Perspektiven für Führungsstellen.
- Für mich ist die Welt ein Food-Abenteuer-Planet, auf dem ich auf Schatzsuche gehe. Bei meinen Reisen sichte ich weltweit Food-Trends und setze sie in unseren modernen Erlebniskonzepten um.

Stephan von Bülow, Vorsitzender der Geschäftsleitung – CEO, Eugen Block Holding GmbH: Block House steht für beste Steaks und hohe Gastfreundschaft mit über 7 Millionen Gästen jährlich allein in Deutschland. Die Mitarbeiter sind die Kernressource des Unternehmens; die Block Gruppe wurde als »Bester Arbeitgeber« ausgezeichnet.

Wir schaffen Rahmenbedingungen, in denen sich unsere Mitarbeiter wohlfühlen. Das heißt:

- Wir binden unsere Mitarbeiter bei wichtigen Entscheidungen mit ein. Zum Beispiel, bevor wir eine Änderung der Speisekarte vornehmen. Die Mitarbeiter schreiben ihre Dienstpläne selbst und werden mit 3 Prozent ihres persönlichen Nettoumsatzes beteiligt. Am Jahresende schütten wir 10 Prozent unseres Gewinns an die Mitarbeiter aus.

- Topservice-Seminare führen wir einmal jährlich auf Mallorca durch. Dazu melden die Restaurantleiter jeweils ihre beste Servicekraft. Es wird an einem Thema gearbeitet, das gemeinsam festgelegt wird und den Service optimiert. Anschließend schulen die Teilnehmer anhand der erarbeiteten Ergebnisse die Kollegen in ihrem jeweiligen Restaurant. Didaktische und methodische Mittel werden ihnen hierzu durch das Block Head College bereitgestellt.

- Im Block House gibt es eine Karriereleiter vom Spüler zum Vorstand. Tatsächlich ist ein ehemaliger Spüler heute Restaurantleiter und ein ehemaliger Auszubildender ist heute Direktor der Block House Restaurantbetriebe AG.

- Wie in Skandinavien haben wir eine Familienbeauftragte, die werdende Eltern unterstützt und die Verbindung zum Unternehmen während der Elternzeit hält. Das hilft den jungen Müttern und Vätern und dem Unternehmen. So bleiben gute, kompetente Mitarbeiter erhalten, die über das spezielle Block House-Knowhow verfügen. Das ist wichtig gerade in Zeiten, in denen gutes Personal nur schwer zu bekommen ist.

- BLOCK HOUSE steht für Seriosität und Verlässlichkeit. Die Mitarbeiter finden bei uns ein familiäres »Zuhause«, und die Gäste erleben keine Abenteuer, sondern wissen, was sie bekommen.

- Expansion findet bei uns nicht als Selbstzweck oder Größenwahn statt, sondern verläuft langsam, aber hoch profitabel. Jedes Restaurant erwirtschaftet Gewinne und setzt im Schnitt 3 Mio. Euro pro Jahr um. Das ist der Spitzenwert in Deutschland.

Markus Kaser, CEO bei Interspar Österreich: beweist als einer der Marktführer, dass Erlebnis und Gastfreundschaft in Zukunft auch in jeden (Super-)Markt gehören

- Unsere Kunden sind Gäste in unseren Interspar-Märkten. Sie müssen sich als Gäste willkommen fühlen. Wir wollen Gästen nicht (nur) einen guten Einkauf ermöglichen, sondern ein Erlebnis bieten. Wir müssen uns den Gästen öffnen und sie als individuelle Persönlichkeiten willkommen heißen und wahrnehmen. Dieses persönliche Erlebnis schafft Beziehungen und Bindungen und ist in Zukunft das Hauptdifferenzierungsmerkmal. Hier ist die gute Gastronomie und Hotellerie ein Vorbild.
- So haben wir bald in allen Märkten eine »Rezeption«. Hier beraten und begrüßen wir, hier wollen wir helfen und auf spezielle Wünsche eingehen. Mit echter Herzlichkeit und Freundlichkeit wollen wir uns um unsere Gäste (= Kunden) kümmern. Diese Rezeption ist nach dem Vorbild eines guten Hotels (mit »Concierge-Funktion«) konzipiert. Hier haben wir uns wirklich durch die Hotellerie inspirieren lassen. Man muss das Willkommen spüren, das gibt dem Markt eine Seele.
- Zukünftig werden unserer Marktleiter zu Gastgebern, zu Guest Relation Managern, genau wie in einem guten Hotel. Sie müssen unsere Gäste kennen, sie begrüßen und sich ganz persönlich – gemeinsam mit ihrem Team – um sie kümmern.

Hartmut Schröder, CEO/Geschäftsführer Fleming's Hotels und Management GmbH

- Unsere Vision: Die ausgefeilte Lifestyle-Marke der Wahl zu sein, indem wir fesselnde urbane Erlebnisse kreieren, die mit Spaß und Charme präsentiert werden.
- Im Herzen ganz europäisch, bietet Fleming's smarte, charmante und ausgefeilte Erlebnisse. Wir verbinden unsere Gäste mit dem urbanen Zeitgeist von heute und auch untereinander.
- Getreu dem Vermächtnis der Gründerfamilie kombinieren wir unternehmerische Leidenschaft mit innovativem Geist. Gemeinsam erschaffen wir einzigartige Hotelerlebnisse für kosmopolitische Reisende von heute.

Milan Prenosil führt zusammen mit seinem Bruder Tomas die berühmte Schweizer Confiserie Sprüngli.

- Wir unterstützen die berufliche und persönliche Weiterentwicklung unserer Mitarbeitenden und fördern sie in ihrer Selbstverantwortung und Motivation. Eine ausgewogene Work-Life-Balance ist uns wichtig.
- Wir bekennen uns zu einer langfristig verantwortungsbewussten und ertragsorientierten Denk- und Handlungsweise und bleiben ein unabhängiges
- Familienunternehmen.Wir geben unseren Mitarbeitenden konkrete Ziele vor und stellen sicher, dass sich jeder damit identifizieren kann. Damit die Mitarbeitenden zeitnah die erforderliche Unterstützung erhalten, überprüfen wir regelmäßig gemeinsam die Zielerreichung. Im Gegenzug erwarten wir die Bereitschaft zur Übernahme von Selbstverantwortung sowie unternehmerisches und erfolgsorientiertes Denken und Handeln. Wir arbeiten gemeinsam am und für den Erfolg.
- Führung bedeutet für uns Nachfragen, Hinschauen und Zuhören. Wir diskutieren konstruktiv und akzeptieren unterschiedliche Meinungen. Eine gesunde Feedback-Kultur ist uns wichtig, denn sie schafft die Basis für ein attraktives Arbeitsumfeld und eine überdurchschnittliche Motivation.

Dr. Dr. Peter Schmid M.Sc.: führt ein Zahnärztehaus in Neu-Anspach mit 70 Mitarbeiter/innen davon 10 Ärzte. Er zeigt mit seinem Team, dass menschenzentriertes Arbeiten auch beim Arzt »anders geht«. Statt Anmeldung ein Empfang, lange Öffnungszeiten, Wohlfühlarchitektur und eine eigene Kinderetage.

- Der Schlüssel zum Erfolg ist die innerbetriebliche Kommunikation, die Förderung der Mitarbeiter und die absolute Serviceorientierung. Meine Vision: Sie und Ihre Zähne – insbesondere der lebenslange Erhalt Ihrer Zähne – das ist das Ziel unseres Denkens und Handelns. Dabei wollen wir Ihnen eine absolut offene und angstfreie Atmosphäre bieten und einen herzlichen und vertrauensvollen Umgang pflegen.
- Wir gestalten unseren Patienten die Behandlung so einfach wie nur möglich durch unser Konzept »Alles unter einem Dach – Zahnmedizin der kurzen Wege«. In unserem Zahnärztehaus finden sich alle Bereiche der Zahnmedizin von A bis Z oder von Angstpatienten bis Zahnprophylaxe, dies in enger Verbindung mit Osteopathie, Physiotherapie, Logopädie und Alternativmedizin bzw. Homöopathie.

Tobias Tröndle, Top-Friseur in der dritten Generation mit weltweiter Dienstleistungserfahrung. Er führt zwei Premium-Salons im Herzen Frankfurts.

- Eine neue Frisur, ein neuer Haarschnitt ist nie »nur Handwerk«, sondern greift in die sehr persönliche Sphäre des Kunden ein und hat – beispielsweise verglichen mit einem Restaurantbesuch – langfristige Folgen. Fachliches, handwerkliches Können ist die Basis, reicht aber nicht aus. Das Wichtigste ist die Begegnung auf der persönlichen Ebene.
- Man muss seine Kunden immer bewusst und ganzheitlich wahrnehmen. Die Begegnung muss echt und authentisch sein. Nur so entsteht eine emotionale Bindung. Vor allem für Frauen ist ein Besuch beim Coiffeur eine hoch emotionale Angelegenheit, die viel Vertrauen verlangt. Daraus ergeben sich schon die Forderungen. Kunden dürfen sich im Salon nie allein fühlen. Sie sollten sich immer sicher und betreut fühlen, ohne dass man ihnen distanzlos begegnet. Sie müssen immer wahrgenommen werden, die Verbindung muss stehen.
- Grundsätzlich darf und soll die Atmosphäre sehr familiär sein. Der Kunde soll Zuneigung und echte Freundlichkeit spüren und immer das Gefühl haben, dass man sich aufrichtig um ihn kümmert. Rituale sorgen für ein Gefühl der Sicherheit. Begrüßung, Verabschiedung, Beratung, Versorgung mit Getränken, Angebot von Leistungen – das alles sollte in einem festen, verlässlichen Rahmen vor sich gehen.
- Gute Umsätze sind wichtig, doch noch wichtiger ist die Zufriedenheit des Kunden. Denn sie sorgt dafür, dass sie wiederkommen. Die Belohnung liegt nicht zuletzt in ihrer Wertschätzung, die sich durchaus auch in (Trink)Geld ausdrücken kann.

Frank Bleckmann, Direktor Vertrieb Gastronomie, Radeberger Gruppe

- Wenn es um die Führung von Mitarbeitern und Kollegen geht, frage ich mich nicht, was diese für mich tun können. Das Gegenteil ist der Fall: Was kann ich für meine Kollegen tun, damit sie die gestellten Aufgaben bewältigen können? Während meiner beruflichen Laufbahn habe ich für diesen Zweck mein persönliches Drei-Säulen-Modell entwickelt. Es besteht aus den Pfeilern Motivation, Orientierung und Befähigung. Was kann ich erstens tun, um mein Team zu motivieren, eine Aufgabe zu erfüllen? Welche Orientierung und Zielsetzung benötigt es zweitens, um ein Projekt mit einem bestimmten Ergebnis abzuschließen? Und was kann ich drittens tun, um ihm die nötigen Kenntnisse an die Hand zu geben? Eine simpel klingende Methode, die sich für mich immer bewährt hat.

STATT
SCHLUSS-
WORT

Die Geschichte von Monsieur Pierre*

Monsieur Pierre war als Concierge zuständig für den Künstlereingang des Moulin Rouge in Paris. Er saß in der Portiersloge, und alle Künstlerinnen und Künstler, alle Mitarbeiter, vom Chef bis zum Bühnenarbeiter, mussten an ihm vorbei. Das galt selbstverständlich auch für die Tänzerinnen und Tänzer, auch für die großen Gaststars, für alle im Service, in der Küche, im Büro – einfach alle.

Auf seinem Tisch stand jeden Abend eine große leere Champagner-Bowl. Dazu muss man wissen, dass man im Moulin Rouge nicht einfach Eintritt bezahlt, sondern eine halbe Flasche Champagner pro Person kauft. Die ist das Minimum, man kann natürlich auch mehr verzehren, bis hin zu einem ganzen Dinner. Der Champagner, den man da zum Eintritt kauft, ist eher von der ... nun, sagen wir: einfachen Sorte, ein »Touristenchampagner«, wie die Kellner sagen.

Nun muss man bedenken, dass die Show im Moulin Rouge (ebenso wie übrigens im Lido) extrem aufwendig und wirklich hervorragend ist. Sie wird mit großer Sorgfalt geplant und inszeniert, die Bühnenbilder und Kostüme sind fantastisch, ebenso wie die Musik. So eine Show läuft dann auch zwei Jahre, sonst würde sich der ganze Aufwand nicht lohnen.

Sie sehen schon, da passt etwas nicht so recht zusammen. Diese großartige Show und dieser mittelmäßige Champagner ... Deshalb lassen viele Gäste den Champagner stehen und steigen auf Wein oder eine bessere Champagnermarke um.

Solange Monsieur Pierre in der Portiersloge saß, gab es ein ungeschriebenes Gesetz: Alle Kellner brachten die nicht oder nicht ganz ausgetrunkenen Champagnerflaschen zu Monsieur Pierre. Der nahm die Flaschen, schüttete sie in die Bowl, in der sich auch Eiswürfel befanden, und rührte das Ganze gelegentlich um. Und er behauptete: So mache ich aus mittelmäßigem Champagner einen ganz ordentlichen Wein.

Wenn die Show zu Ende war, kamen alle Künstlerinnen und Künstler bei ihm vorbei und tranken noch ein Glas mit ihm.

Monsieur Pierre diente also allen. Nicht nur mit der Champagner-Bowl, seine Tätigkeit war ja ganz und gar dienender Natur. Aber stellen wir uns einmal die Frage: War dieser Monsieur Pierre in seiner Portiersloge ein armer Kerl?

Nein. Und dafür gibt es fünf gute Gründe, die den fünf Hauptpunkten in diesem Buch ganz genau entsprechen. Erstens: Er dachte positiv. Aus allem, selbst aus mittelmäßigem Champagner, kann man noch etwas Gutes machen, das war sein Credo. Zum zweiten war er innovativ. Er war kreativ, er machte sein Ding, und er schaute über den Tellerrand (in diesem Fall über den Rand der Bowl) hinaus. Er fand Lösungen und war disruptiv, indem er etwas machte, was vorher noch keiner gemacht hatte. Er gab, und er bekam dafür mehr zurück, als man sich in seinen kühnsten Träumen vorstellen kann. Er nahm die Menschen, die an seiner Portiersloge vorbeigingen, als Menschen wahr. Vorurteile konnte er sich schlicht nicht leisten. Er war freundlich und … er lächelte.

Und dazu hatte er allen Grund. Denn Monsieur Pierre – und das ist der dritte Punkt – war alles andere als ein armer Kerl. Er hatte Freunde, auch Freunde fürs Leben. Er hatte ein riesiges Netzwerk und wusste immer, wen er wofür ansprechen konnte. Wenn man irgendetwas brauchte, war es eine gute Idee, Monsieur Pierre zu fragen. Er kannte immer einen, der einen kannte. Er konnte Menschen miteinander verbinden. Und das alles gelang ihm nur aus einem Grund: Weil er mit seiner ganzen Freundlichkeit so viel gab und so viel zurückbekam.

Viertens zeigt uns diese Geschichte fast nebenbei: Veränderung ist gut. Ständig verändert sich etwas, und wir sind mittendrin und müssen dafür sorgen, dass es sich zum Guten verändert. Vielleicht müssen wir auch mal aus mittelmäßigem Champagner einen guten oder doch wenigstens ganz ordentlichen Wein machen.

Der fünfte Punkt: Monsieur Pierre blieb nie stehen. Er entwickelte sich ständig weiter, lernte neue Leute kennen, knüpfte neue Kontakte. Sein Netzwerk erweiterte sich andauernd, er wurde jeden Tag ein bisschen schlauer und damit für alle um ihn herum wertvoller.

Und was alle diese fünf Punkte zusammenfasst: Monsieur Pierre war freundlich – menschenfreundlich und gastfreundlich.

Monsieur Pierre zeigt uns allen, wie man es richtig macht.

* Monsieur Pierre heißt wirklich nur zufälligerweise wie ich.

DANK

》Manchmal dauert es, bis man oben ist –
aber die Aussicht ist grandios.《 Pierre Nierhaus

**Ich danke allen Freunden, Vorbildern und
Mentoren, ohne die das Buch nicht möglich
gewesen wäre:**

- Henrik Yde Andersen
- Matthias Bansen
- Christian und Marlen Drexler
- Dr. Jan-Peter Eichhorn
- Christian Flau
- Mathias Fuhs
- Ilja Grzeskovitz
- Ingrid Hartges
- Kurt Höller
- Angelika Howland
- Angelika Homfeld
- Klaus Kobjoll
- Dr. Torsten Krug
- Josua Laufer
- Andrea Lugg
- Danny Meyer
- Richard Melman
- Jordan Mozer
- Prof. Chris Muller
- Jack Nicholson
- Michael Oldenburg
- Gerhard Passrugger
- Hans und Sonja Priewe
- Werner Rochau
- Chris und Jessi Roy
- Hermann Scherer
- Heinz Schiebenes
- Ian Schrader
- Horst Schulze
- Gerd Schüler
- Margaux Paulin Steiger
- Michael Süßmeier
- Prof. Dr. Dr. Gernot Teichmann
- Peter Tra
- Josef Wagner
- Vaya Wieser Weber
- Peter Weckesser
- Gretel Weiss
- Rolf Westermann
- Kai Wölfel
- Doris Wolf
- Harald Zielinski

**Dank an meine Gesprächspartner, die ein
Testimonial zum Buch beigetragen haben:**

- Alexander Aisenbrey
- Oliver Altherr
- Thor Andersen
- Frank Bleckmann
- Stephan von Bülow
- Martin Dries
- Amanda Hyndman
- Markus Kaser
- Nicole Kobjoll

- Otto Lindner
- Thomas Mack
- Frank Marrenbach
- Volkmar Pfaff
- Milan Prenosil
- Kim Rahbek Hansen
- Georg Rosentreter
- Dr. Dr. Peter Schmid
- Hartmut Schröder
- Tobias Tröndle
- Thomas Willms

Dank an die, die das Buch so gut und schön gemacht haben:
- Ulrike Strerath-Bolz
- Jeanne van Stuyvenberg
- Bruni Thiemeyer

Dank an mein Team:
- Britta, Christa, Christiane, Felix, Julia, Lena, Louisa, Maya sowie an all meine Mitarbeiter über all die Jahre in all meinen Betrieben.

Dank an meine geschätzten Kollegen:
- Jürgen Hartauer, Jean Ploner, Frank Simmeth
- Björn Grimm, auch stellvertretend für meine Freunde vom FCSI
- und an all die Hospitality-Kollegen, mit denen ich mich austauschen durfte

Last, but not least Dank an:
- Alle Menschen, die sich freundlich um Kinder kümmern.
- Abaci und Team – Ihr lasst mich auch in schlechten Zeiten gut aussehen!

Menschen und Bücher die mich inspirieren:
- Tony Buzan (Mindmapping)
- Dale Carnegie – spez.: Wie man Freunde gewinnt
- Meine COMTEAM Trainer
- Chopra – spez: Die 7 geistigen Gesetze des Erfolges
- Jens Corssen
- Steven Corvey – spez: Die 7 Wege der Effektivität
- Rudolf Dreikurs – Kinder fordern uns heraus –
- Robert K. Greenleaf
- W. Chan Kim und Renée A. Mauborgne - spez. Blue Ocean Strategie
- Fredmund Malik - spez: Führen Leisten Leben
- Og Mandino
- Danny Meyer – spez: Setting the Table
- Alexander Osterwalder & Kollegen – spez.: Business Model Generation
- Marshall B. Rosenberg – spez.: Gewaltfreie Kommunikation
- Hermann Scherer
- Brian Tracy – spez.: flightplan
- Philip Zimbardo – spez: Die neue Psychologie der Zeit

ÜBER DEN
AUTOR

Erfolg durch Gast-Freundschaft in allen Branchen, die mit Menschen zu tun haben. Pierre Nierhaus ist der Experte für Trends und Veränderungen in Hotellerie, Gastronomie und vielen Dienstleistungsbranchen.

Er kennt alle Trendmetropolen weltweit und macht seine Kunden strategisch fit für die Zukunft. Als Unternehmer und Gastgeber hat er 13 Betriebe mit 400 Mitarbeitern geführt. Davor hat er mehrere Jahre die amerikanische Filmindustrie beraten und viele Weltstars betreut.

Als ausgebildeter systemischer Change-Coach begleitet er die Projekte seiner Kunden in ganz Europa. Wenn er nicht als charismatischer Speaker oder Berater unterwegs ist, verbringt er seine freie Zeit am liebsten mit seiner Familie und unternimmt etwas mit seinen Zwillingen.

Mit den Prinzipien aus der Hospitality-Branche machen auch Sie Ihre Projekte, egal ob privat oder geschäftlich, erfolgreich.

»Never, never, never give up.« Winston Churchill

ISBN 978-3-87515-320-0

© 2020 Matthaes Verlag GmbH, Stuttgart – Ein Unternehmen der dfv
Mediengruppe

Lektorat: usb bücherbüro, Dr. Ulrike Strerath-Bolz, Friedberg in Bayern
Design und Producing: Jeanne van Stuyvenberg, die basis, Wiesbaden
Redaktion: ArsVocis, Anna Ueltgesforth, Amorbach

Printed in German